龙魂

国风典藏BJD人形设定图集

龙魂人形社——编著

人民邮电出版社
北京

图书在版编目（C I P）数据

龙魂 : 国风典藏BJD人形设定图集 / 龙魂人形社编著. -- 北京 : 人民邮电出版社, 2023.10
ISBN 978-7-115-62551-9

Ⅰ. ①龙… Ⅱ. ①龙… Ⅲ. ①玩偶－造型设计 Ⅳ. ①TS958.6

中国国家版本馆CIP数据核字(2023)第164090号

内 容 提 要

本书是龙魂人形社创作的 BJD 人形设定图集，展示了 BJD 与传统古风结合的魅力。

本书收录了龙魂人形社“异闻卷轴”“上古传说”“二十八星宿”“陇中杂记”“上仙”“九歌”六大系列 28 个形象的 BJD 多方位展示高清图，画面精美且极具故事性。本书中部分 BJD 展示附有人物设定分析，以便读者了解 BJD 的研发与制作流程。另外，随书附赠 6 个视频，包含 2 个 BJD 人形的制作过程视频和 4 个 BJD 人形的特摄视频，供读者学习和欣赏。

本书适合 BJD 爱好者、BJD 设计师及相关艺术从业者收藏与参考。

◆ 编　　著　龙魂人形社
责任编辑　张　璐
责任印制　马振武
◆ 人民邮电出版社出版发行　　北京市丰台区成寿寺路 11 号
邮编　100164　　电子邮件　315@ptpress.com.cn
网址　https://www.ptpress.com.cn
北京盛通印刷股份有限公司印刷
◆ 开本：889×1194　1/16
印张：12　　2023 年 10 月第 1 版
字数：193 千字　　2023 年 10 月北京第 1 次印刷

定价：129.80 元

读者服务热线：(010)81055410　印装质量热线：(010)81055316
反盗版热线：(010)81055315
广告经营许可证：京东市监广登字 20170147 号

序

国风典藏，时光为序，以魂为引，筑梦为巢。

致相信万物有灵的你：

什么是龙魂BJD？它包含以下所有。

【立】

一段神话故事，一篇异闻杂记，一幅古画，一篇诗词；四季之神，五方神龙，上古传说，二十八星宿……基于一段故事、一个名字创作一个形象。

【绘】

句芒、玄龙、尾火虎……一个个神秘而又熟悉的形象跃然纸上，他们幻化成BJD的模样，或清瘦或丰腴，弹指间，令众生倾倒。

【雕】

雕刻师扮演着为泥塑注入灵魂的角色。锋刃在雕刻师的指尖游走，泥塑慢慢浮现出五官。在精雕细琢后，泥塑有了骨相，翘挺的鼻梁、倔强的嘴角和隐藏着凌厉眼神的眼形，独一无二的脸，可能不完美但很真实。

手工的专注是现代社会浮躁节奏下的恬静，反复地打磨、修补和雕刻既能让作品多一丝神韵，又能展露出一丝匠人的坚持。

【妆】

换妆如换面，化妆是制作BJD的一个重要环节。可爱、炫酷、二次元，风格多样。面纹、钻、珍珠铆钉，妆饰丰富。一样的素头承载不一样的妆，会有不一样的效果，这也是BJD的魅力和独特之处。

【发】

不一样的发色，不一样的造型，让角色呈现不一样的感觉。

【服】

换装就像重回童年的一场梦，带领我们进入一个新的世界，穿越回不同年代、不同地点和不同的故事背景中。

【摄】

摄影记录意味着再编织这个梦，让更多人对不同人物的故事心驰神往。

BJD是一束握不住的光，它会随着时间慢慢流逝，逐渐带有破碎感，但那最初的美好足够让我们为之呕心沥血。它饱含参与者的精心投入，所以珍贵。

做好准备了吗？让我们一起打开由一双双巧手“编织”的中国风时空画卷吧！

资源与支持

本书由“数艺设”出品，“数艺设”社区平台（www.shuyishe.com）为您提供后续服务。

配套资源

6个鉴赏视频

← 扫码关注微信公众号

← 扫码观看视频

提示：微信扫描二维码，点击页面下方的“兑”→“在线视频”，输入51页左下角的5位数字，即可观看全部视频。

“数艺设”社区平台，为艺术设计从业者提供专业的教育产品。

与我们联系

我们的联系邮箱是 szys@ptpress.com.cn。如果您对本书有任何疑问或建议，请您发邮件给我们，并请在邮件标题中注明本书书名及ISBN，以便我们更高效地做出反馈。

如果您有兴趣出版图书、录制教学课程，或者参与技术审校等工作，可以发邮件给我们。如果学校、培训机构或企业想批量购买本书或“数艺设”出版的其他图书，也可以发邮件联系我们。

关于“数艺设”

人民邮电出版社有限公司旗下品牌“数艺设”，专注于专业艺术设计类图书出版，为艺术设计从业者提供专业的图书、视频电子书、课程等教育产品。出版领域涉及平面、三维、影视、摄影与后期等数字艺术门类，字体设计、品牌设计、色彩设计等设计理论与应用门类，UI设计、电商设计、新媒体设计、游戏设计、交互设计、原型设计等互联网设计门类，环艺设计手绘、插画设计手绘、工业设计手绘等设计手绘门类。更多服务请访问“数艺设”社区平台www.shuyishe.com。我们将提供及时、准确、专业的学习服务。

目录

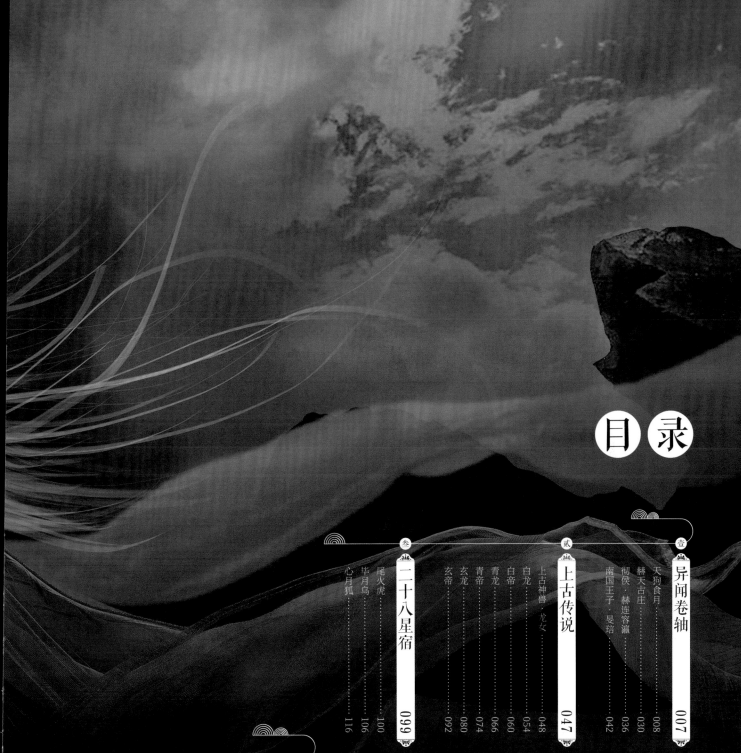

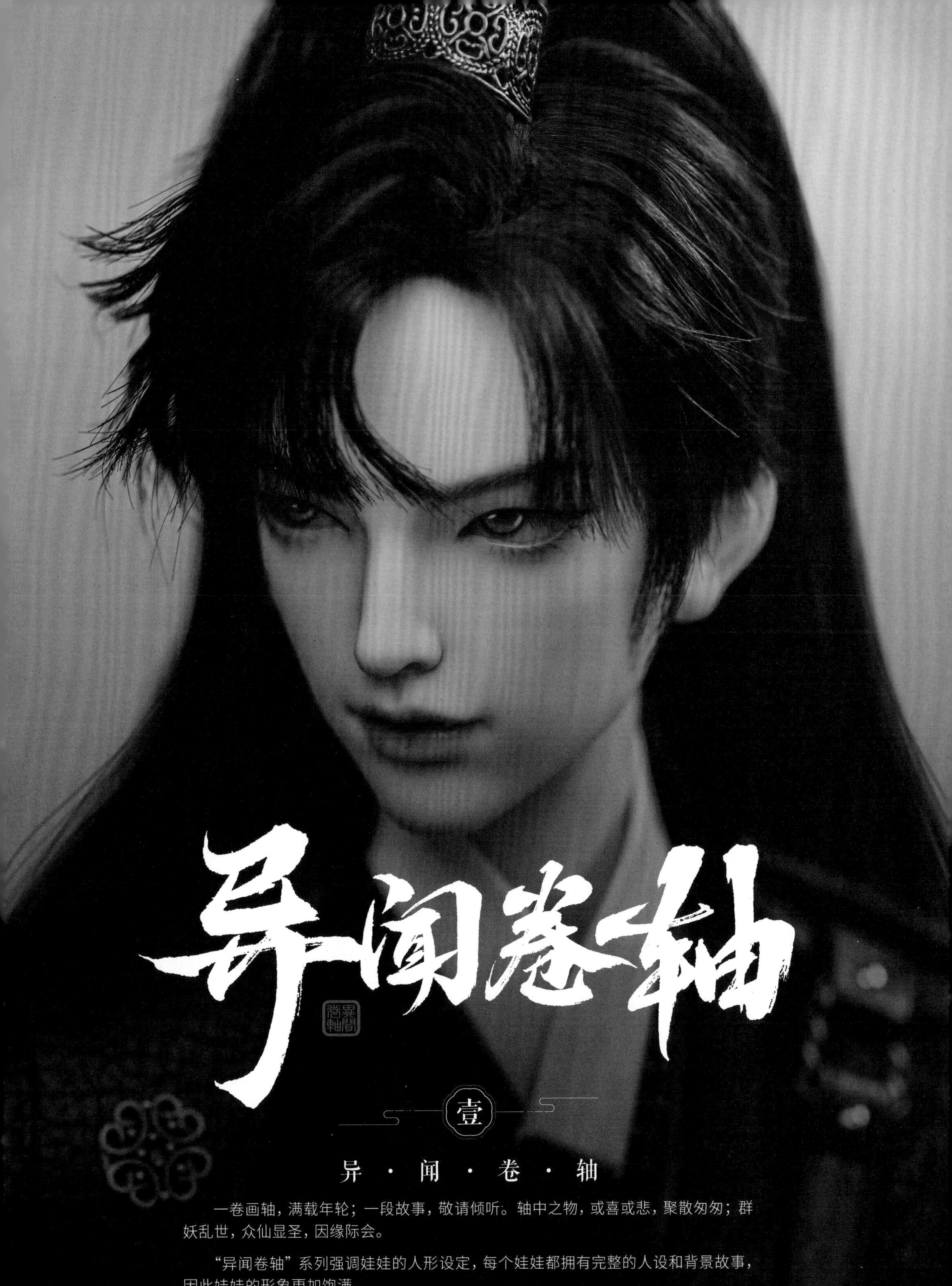

异闻卷轴

壹

异·闻·卷·轴

一卷画轴，满载年轮；一段故事，敬请倾听。轴中之物，或喜或悲，聚散匆匆；群妖乱世，众仙显圣，因缘际会。

“异闻卷轴”系列强调娃娃的人形设定，每个娃娃都拥有完整的人设和背景故事，因此娃娃的形象更加饱满。

天狗食月

缘生

朔月天狗·玱玦 ／ 诞生日：2021 年 11 月 11 日。

沧海桑田，却话人间。

“吾归矣。”男子清朗含笑，推门而入，屋内女子于几案前起身，盈盈笑靥，将来者手中纸包接过。

“路经市行，见了昨日新开糕铺，遂带了些，可喜？”天狗支颐坐案侧，目柔神绻，心下讶异，自识月女后，亦有此柔者矣。

月女将纸包于案展，却引数只小玉兔来，粉圆滚滚，将往桌上去。天狗哑然失笑，揪起一玉兔，欲露尖齿唬之，月女美目盼兮，笑嫣流婉。

花闲云影，涂歌里抃，自来人间，识世间万物，揽无数风景。

牢笼之月，凄冷清寒，两心相期，不欲复还。

宁俟长绳系景，挽此朝露浮云，天道难违罢。

桑柘影斜，桐花千里，青山如黛，风柳长溪。自来人间，月女谓世间万物奇，天狗相伴，于心甚慰，喜月女追呼调皮之童，喜其食满嘴糕屑，然后调侃笑之。

云游间或，天狗思远，其以妖兽之身而为众神鄙弃，驱逐于苦寒之地，万年孤寂，后流落于人间。朔月之夜，闯月宫而见星眸烁烁……然天狗不解，以月女仙灵之身，何以禁锢于月？

天狗食月

缘生

朔月天狗·玲玦

天狗食月

缘生

晖·月女 ／ 诞生日：2021 年 12 月 12 日。

星霜屡变，珠流璧转，泠泠宫室，月兔为伴，水流花谢，日复一日，月女久忘年岁矣。

至那日风月吹袂，相逢一笑……

自此，天狗常话人间之杂闻轶记，携诸珍玩与之共赏，清寒之月，难得欢笑晏晏。然天狗以妖兽之身为天界流放人间，不可久居于月，月女思酌，愿与天狗同往人间。

“赤珠花与白玉簪，孰好？”月女手执二钗迟疑，眉头微蹙。

“白玉簪可配汝今日之衣裳，赤珠花一并买了，下次用罢。”男子清朗含笑，将二钗一并付了，又取白玉簪戴于月女发髻。月女抚簪嫣然，又为一糖葫芦摊贩所吸引，招天狗前去。天狗失笑，不禁调侃，却惹得月女反驳：“哼，月宫又无此食！”

天狗食月

缘生

晖・月女

天狗食月

尘破

噬月天狗·玱玦 ／ 诞生日：2021 年 11 月 11 日。

月宫无守，天地崩裂，潮汐不制。占仙有言，洪水猛兽骇浪汹涌，灾祸将降于人世。

须臾此人间一遭，于彼于己，弥足珍贵矣，叹天狗与月皆无以拒，必归天道。

天帝大怒，令捉挈二人，并将天狗下狱炼兽场，永不得释。

炼兽场，名曰炼兽，实为深渊地狱。魑魅魍魉，万恶丛生，唯与诸妖兽厮杀争斗以变强，得主顾眄，生出，为一方霸主。

天狗困于混沌虚无，生杀噬斗，兽心难抑，唯于深渊之隅清醒片刻，思其身为万神唾之，思其闯于月而见桎梏之女，思其二人为挣脱天道而往人间……

天狗与月，为生，为光，为希冀，为本命！其自知，以己，以月女，其必生出，必灭此所谓天道！

“月女，等吾！等吾！”

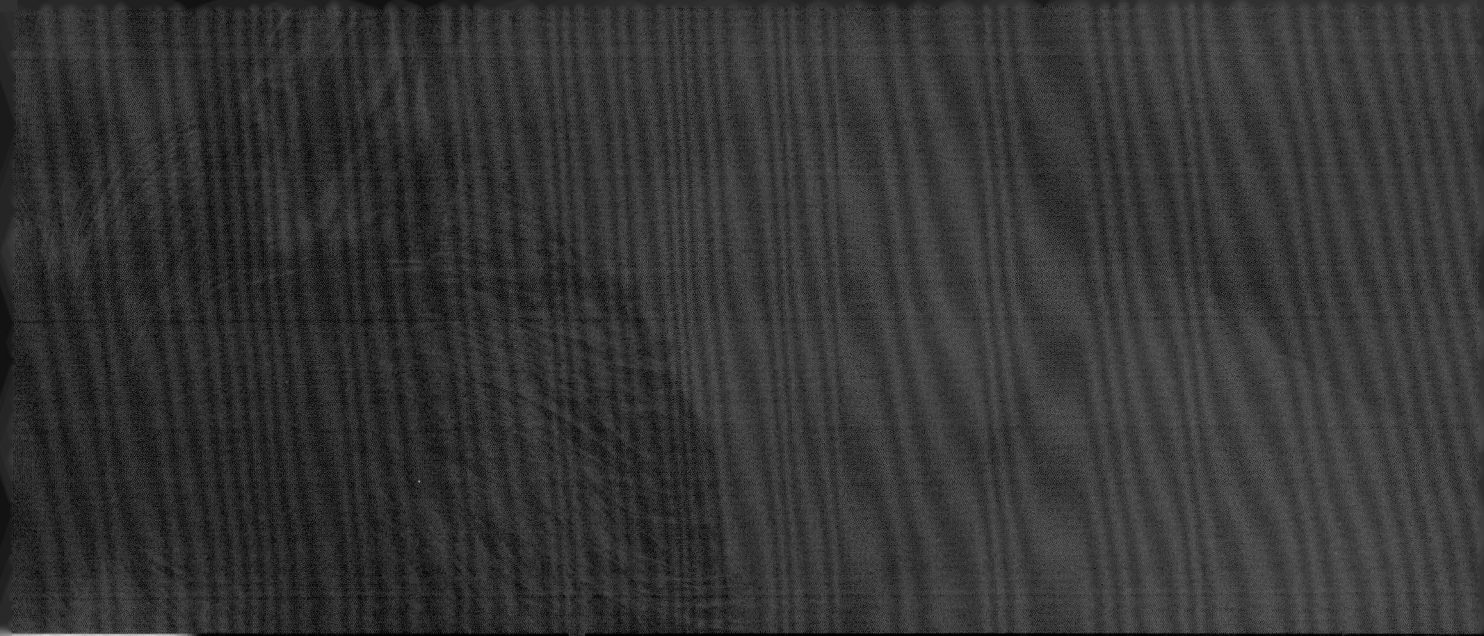
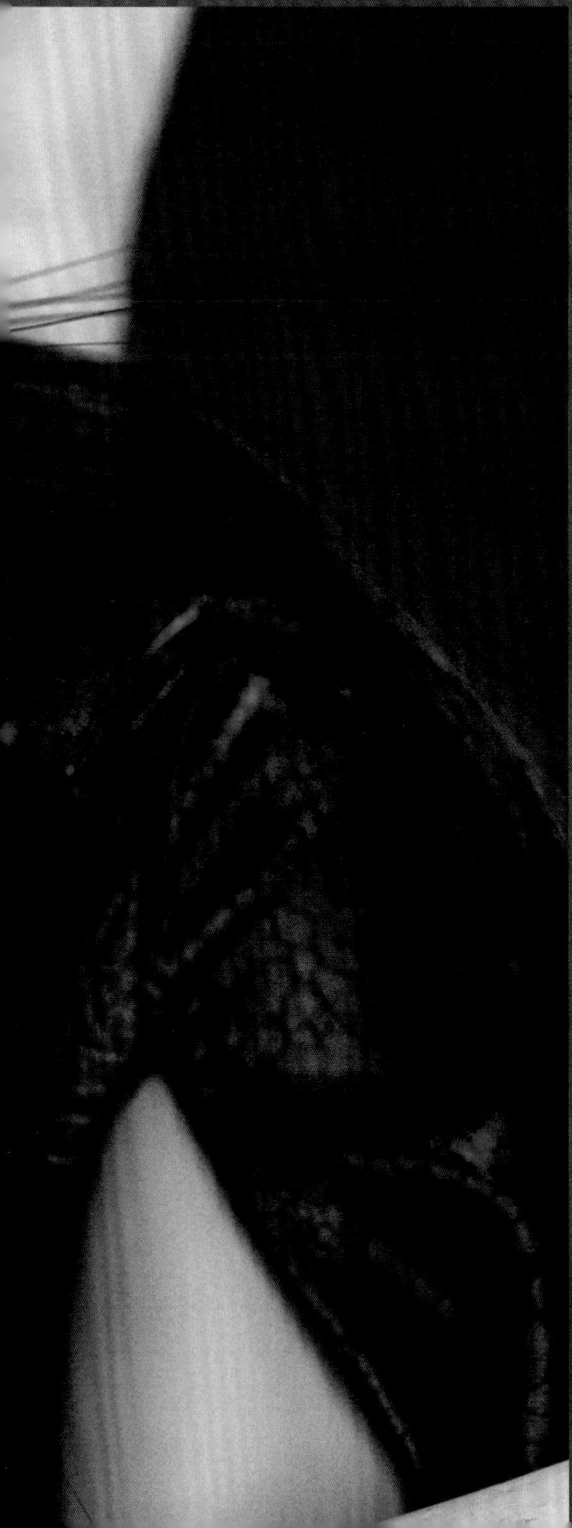

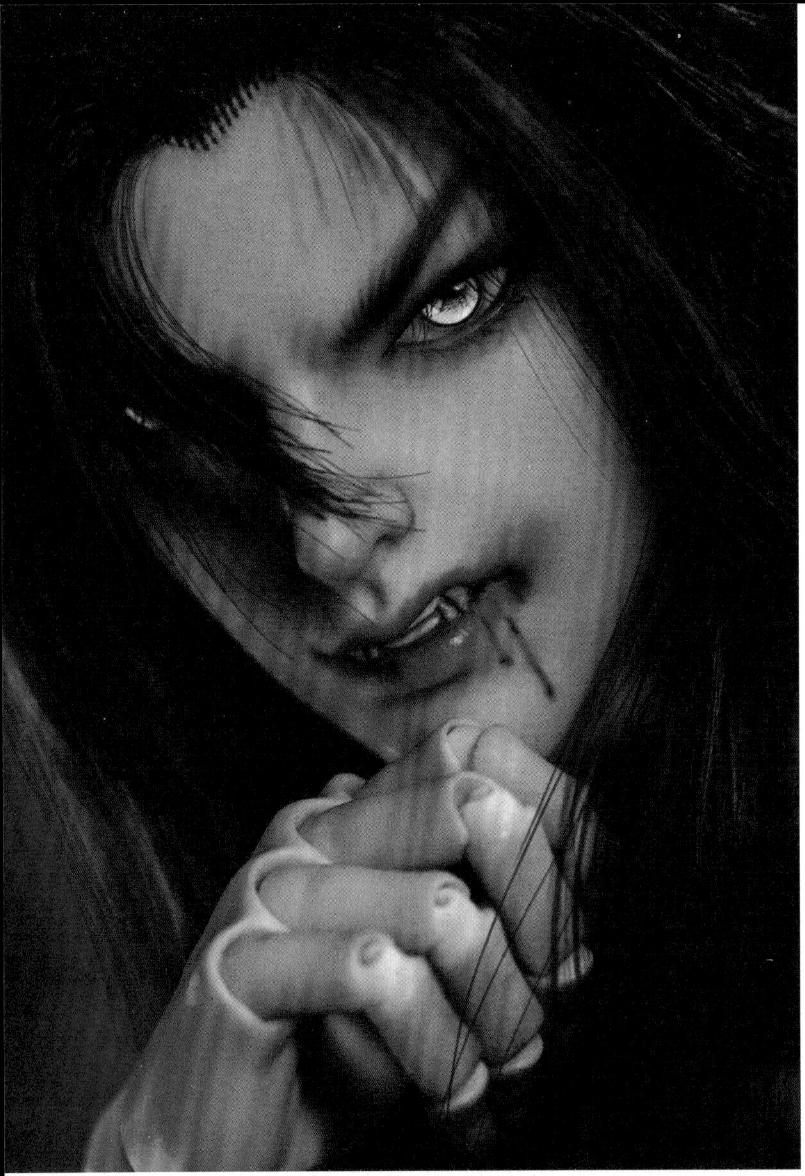

天狗食月

尘破

噬月天狗・玱玦

天狗食月

尘破

祀·月女 / 诞生日：2021 年 12 月 12 日。

月女未知，亦未尝思，月宫之外，乃有异彩之景，此间流年，自鸿灵初识，良辰光景矣。

自去月宫，月女容貌生变，俨然碧玉年华之容颜，明眸皓齿，仙姿佚貌，盖自锢于月，永以儿时之状存。

血月临天，如期现世，月女之祭，亦如期至。

月女临镜，华繁绰约，清冷无复，服之如一祭物，瑰姿艳逸，诡谲妖冶。

终竟知之矣，其生，为天界而镇上古凶兽，其死，则以仙灵之身献祭于恶兽，维天地安宁。牺牲一区区仙灵，而不伤天界分毫，可谓值当买卖。

天狗与月，皆不脱命运之弄尔。

月女默然，簪赤珠花钗于发，一笑了然。

"再见，玱玦。"

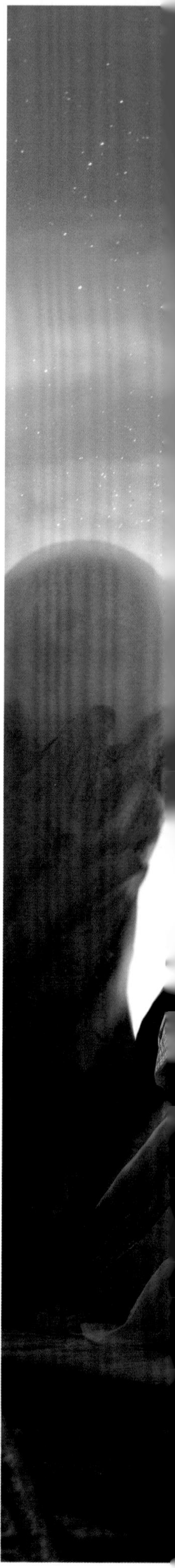

造型设定分析

以下分别是人间版和献祭版的造型设定图。人间游历的二人有短暂的温馨时刻，所以玱玦采用劲装设计。长大后的月女不再像幼版月女那样“丧气”，而是唇红齿白，双瞳剪水，3只小宠的存在也增强了可爱温馨的氛围。

虽然玱玦在炼兽场的经历让他的形态变得千疮百孔，但是他内心仍然有需要守护的人。在献祭版月女的造型上加了祭祀的元素。

玱玦、月女服装设计概念图（非最终成品）

人间版

献祭版

朔月天狗·玱玦

晖·月女

噬月天狗·玱玦

祀·月女

赫天古庄

庄主·赫连容瀛

诞生日：2018年9月5日。

朔方名宗，门庭赫奕。
得圣旨意，一夜覆灭。
落子一人，赫与天连。
游离远方，振家遐裔。

赫赫国夏，褪去混沌，赫天古庄，再挽辉煌。血海深仇，怒翻篇章，定要搅得那皇族浑浊荒唐。

『庄主，这一步险棋已然开始，无后路可退。既然信已到手，无用的暗卫也处理掉了，那接下来就是他那个主子……』

『杀……』

窗栏后那人眉目若剑锋，年岁未及始室。

赫天古庄

庄主

赫连容瀛

造型设定分析

庄主的服装结合了时装与古装，官服的主要面料为真丝和天丝麻，其中护手和腰封为真丝材质，披风为天丝麻材质。打破传统古装惯用的布料模式，衣身与裙摆的设计赋予了角色庄重、严肃的特征，披风既突出了角色的飘逸之感，又不失气场。

赫连容瀛服装设计概念图（非最终成品）

彻侯·赫连容瀛

诞生日：2019 年 8 月 27 日。

画中山河，书内春秋，提笔我皆有，笑观天下愁。

名声权势不过黄粱一梦，抵不过春日赏花，夏日听雨，秋日登山，冬日看雪。

人生一世，逍遥而已。

世人皆说，赫连家族的兴盛看来要断送在刚刚承爵的彻侯身上了。

原本权倾朝野的丞相和其嫡系子弟都被打发去看皇陵了，爵位便莫名其妙落在了丞相早逝弟弟的孩子身上。

彻侯这位置开朝以来都归赫连家族所有。可此人生性散漫，游手好闲，得知自己的婚约取消后还拍手叫好。成日居于家中，工笔画倒是出神入化，新作一出，便备受追捧。这如何能担得起一个家族的重任？

当新任彻侯烦得连当季新茶都品不出味的时候，那位客人终于来了。

“还请殿下帮忙，请王上收回成命，小臣不过一闲人，做不来赫连家族的彻侯。”

“是孤向父王提议的。”玄服青年细细看着墙上的画作，随意地说道。

“殿下……”彻侯一怔，却又立刻明白了过来，“原来如此。”

“别人说你于赫连家族，不过锦上添花。可孤觉得，赫连家族有你却是大幸。”

玄服青年看向画作的主人：“彻侯不过虚名，你如何，赫连家族便如何。你所图的是家族平安，起起落落不过平常。与其担忧它，不如守着它。”

彻侯蹙眉：“可我并不会……”

“彻侯心智过人，若实在遇上了，也就会了。”

在一片质疑声中，新任彻侯还是走马上任了。彻侯还是那个日上三竿才醒的逍遥人，赫连家族也跟着他在朝堂上越发悄然无声，大家火火热热地惋惜了一阵子，便也被其他新鲜事取代了。

直到新王登基后选用人才，许多人才惊觉朝内各大族已经被收拾得丢盔弃甲，赫连家族反倒是完好无损，还得新王重用。可到底是巧合，还是新王与彻侯的默契，那便是少数人才知道的秘密了。

彻侯
赫连容瀛

彻侯·赫连容瀛

南国王子·旻瑄

诞生日：2018 年 5 月 25 日。

焦阳泛黄，殿外旒旌。

夕雨起落，砚台墨干。

檀木栏椅，狼毫筠杆。

滴墨声响，影火摇曳。

先生："旻，多云，辗转不测……这天，该变换了……"

旻瑄："先生多年前的这句话犹在耳旁，如今，已然天塌地陷。"

肺腑笔下断字言，倾覆南国秋晚帘。

旌旗旒缀撒落地，家国人去空哀凉。

遥望往昔，依梦南国。

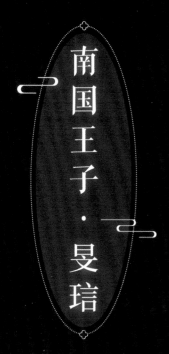

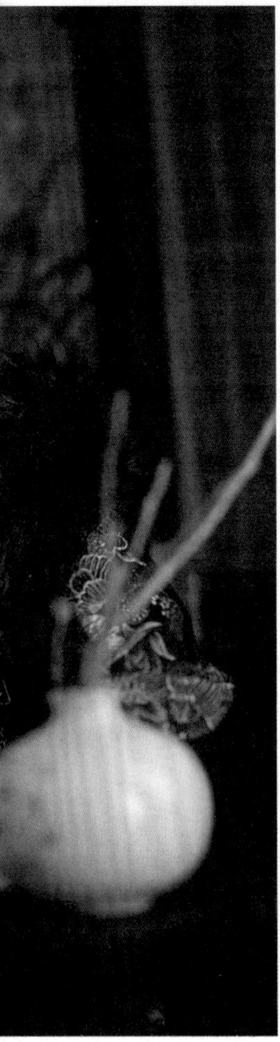

造型设定分析

作为一方君王，旻瑄的服装颜色应突显庄重，服装上的龙纹绣花既为人物角色增加了君王的霸气，又不失典雅的个性。毛领使角色呈现出雍容感，头冠和服装上金属配件则增加了贵重的气质。整体造型给人一种忧国忧民的少年感，且符合亡国故事中对人物设定的破碎感。

旻瑄服装设计概念图（非最终成品）

上古传说系列是以中国流传已久的神话传说中的生物为灵感，创作出的独具东方特色的系列作品。子系列为五方神龙与五方天帝，洪荒时代，有五神龙分居五方，尊以帝称，守护圣兽即为五方神龙。西方白龙，名曰白帝，居于九重霄汉之宫阙，为西海龙族之祖。东方青龙，名曰青帝，临四方春野，为东海龙族之祖。北方玄龙，居于北海，名曰玄帝，为北海龙族之祖。（系列正在更新中，此设定集仅节选部分娃娃。）

上古神兽·龙女

诞生日：2017年11月23日。

龙女何处来，来时乘风雨。
祠堂青林下，宛宛如相语。
蜀人竞祈恩，捧酒仍击鼓。
——唐·岑参龙女祠

龙女

纨绮衫

其盛饰也，则罗纨绮缋盛文章，极服妙采照万方。
振绣衣，被袿裳，秾不短，纤不长，步裔裔兮曜殿堂，忽兮改容，婉若游龙乘云翔。

——先秦·宋玉神女赋（节选）

上古神兽龙女华服锦衣，驾乘云彩而来。

造型设定分析

在龙女的造型中使用了透明龙角、龙耳，以此来表现龙女缥缈的感觉。其牙齿可拆卸，分开涂装后嘴部会更有层次且更精细。

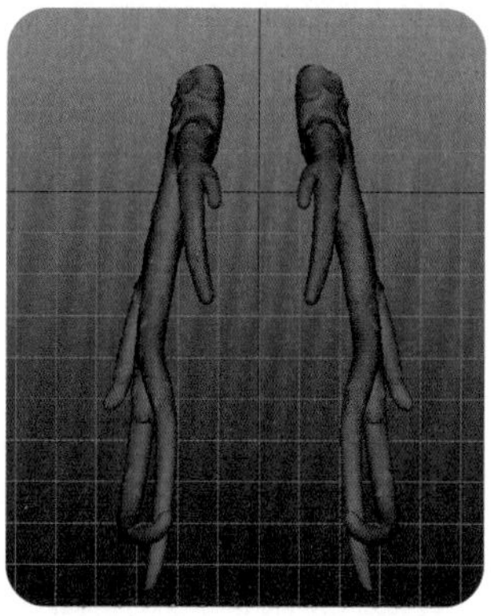

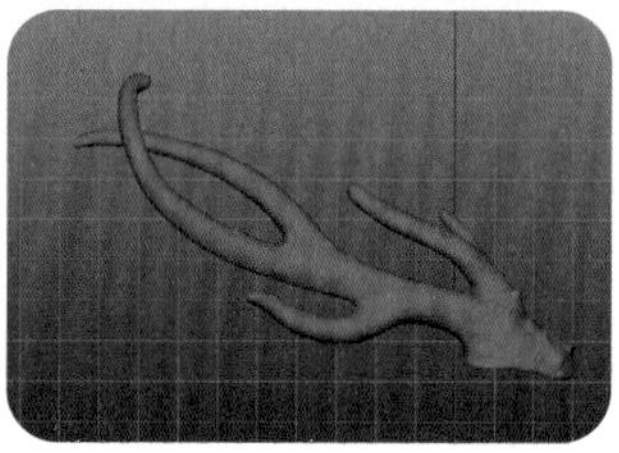

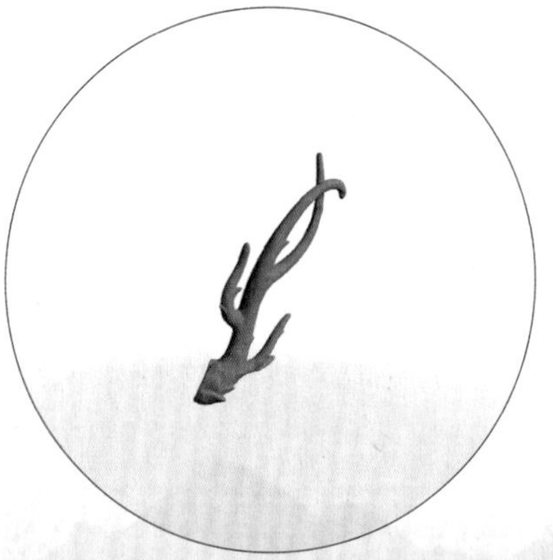

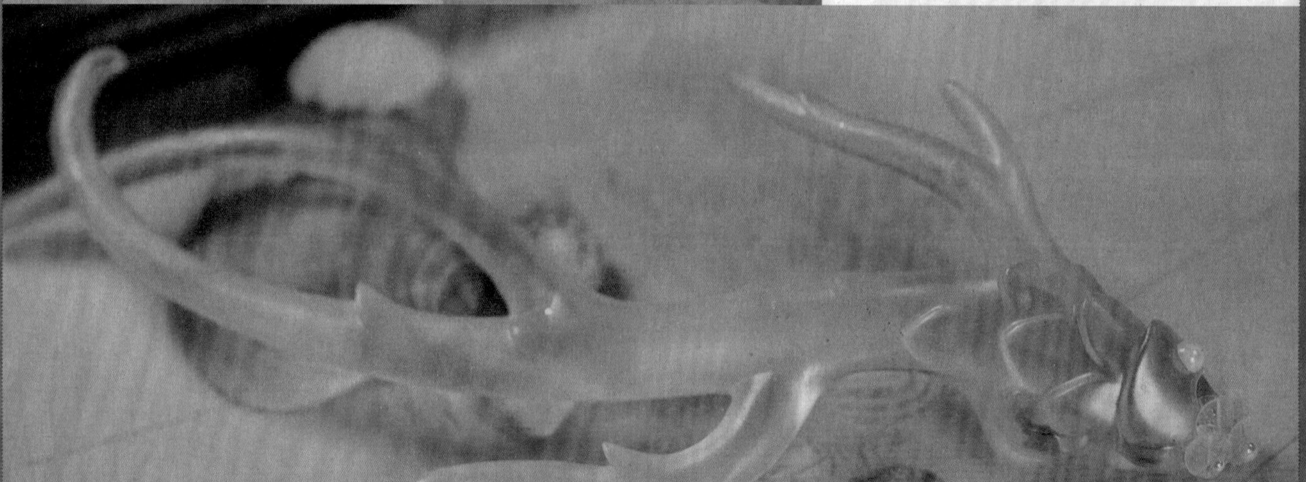

龙女的新造型是纨绮衫，精美的衣裙像云彩一样柔软，浅天色水波纹幻彩纱及白色平纹皱真丝雪纺材料的运用赋予了龙女灵动感。

白龍

白龙

诞生日：2018年11月5日。

龙行踏绛气，天半语相闻。
混沌疑初判，洪荒若始分。
——唐·阎朝隐奉和登骊山应制

五方神龙之白龙，身着战袍，长枪能横扫一切，有着压慑万物的气势。

五方神龙

——白龙

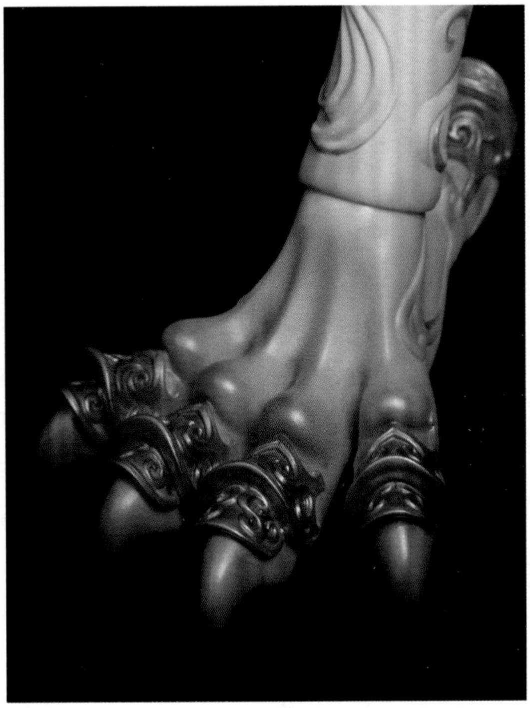
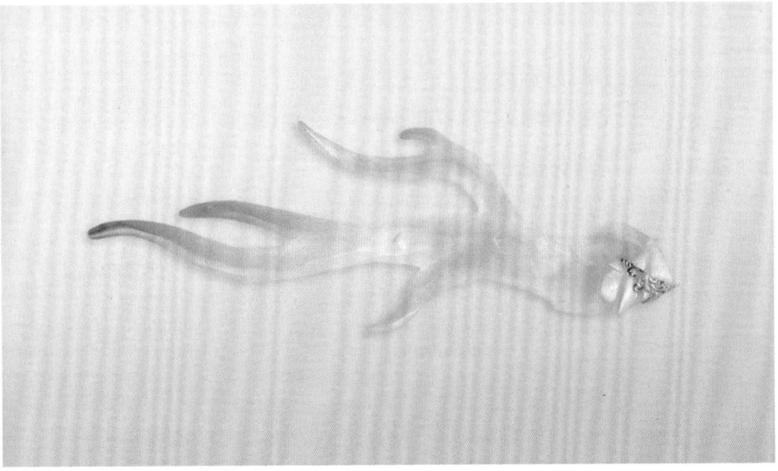

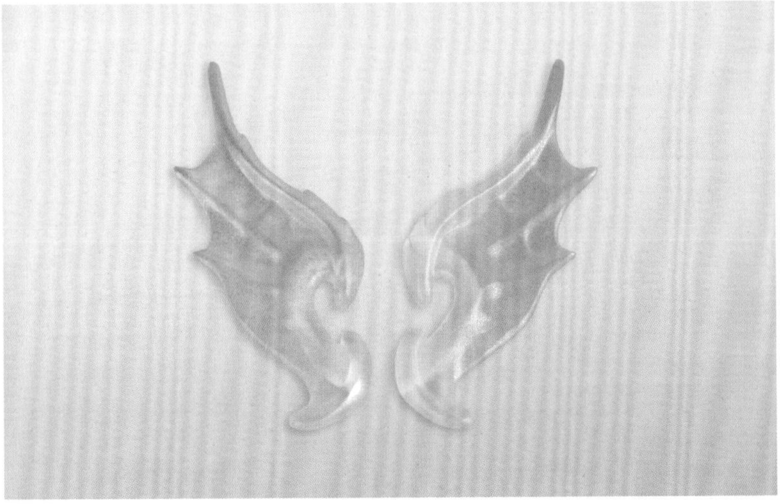

白帝

白帝

诞生日：2018年11月5日。

白帝历洪荒，统西海，登帝陛，守疆宇，心怀子民，泽应民求。九重宫殿中的白帝，身穿宫装，举止雍容尔雅，有着十足的西海龙族之祖的风范。

五方天帝

白帝

青龍

青龙

诞生日：2020年4月29日。

东方七宿在，青气帝王生。
惟野璇穹远，金天华盖城。

五方神龙之青龙，主东方，属木，是春天生生不息的代表，有博爱恻隐之心，慈祥恺悌之意。

五方神龙

——青龙

造型设定分析

青龙的颜色以天青色为主。天青色是瓷器中一种很珍贵的颜色，据说该颜色只有在空气湿度大的烟雨天气之日才能烧制成功，因此珍贵。以青色为基调，可体现出一种细雨中的朦胧感。青龙杖、青云相、青龙角的设计给青龙以“佛相”，符合春天生生不息的设定，烫金羽毛、手工喷绘羽毛增加了轻盈感。

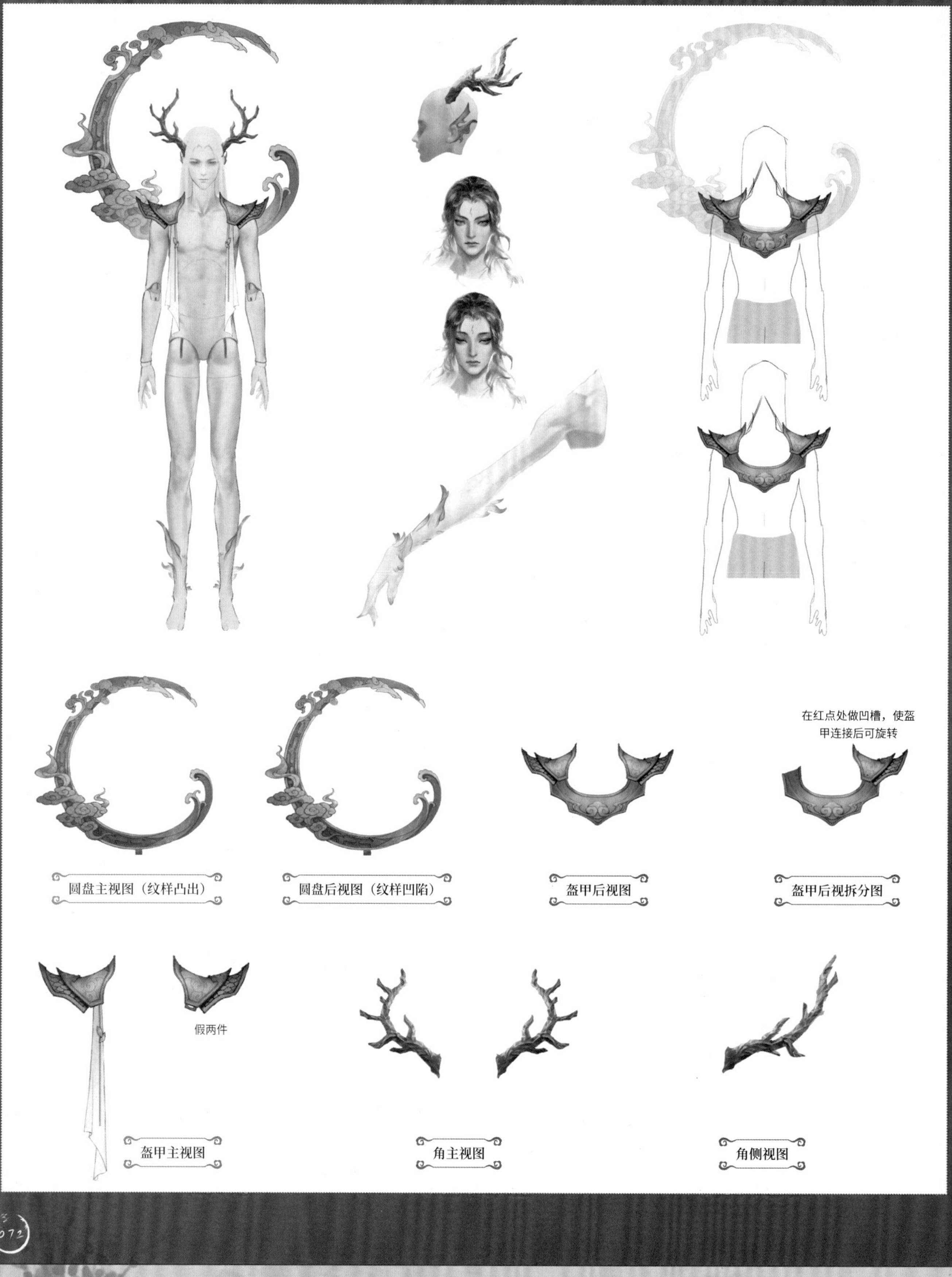

青龙杖

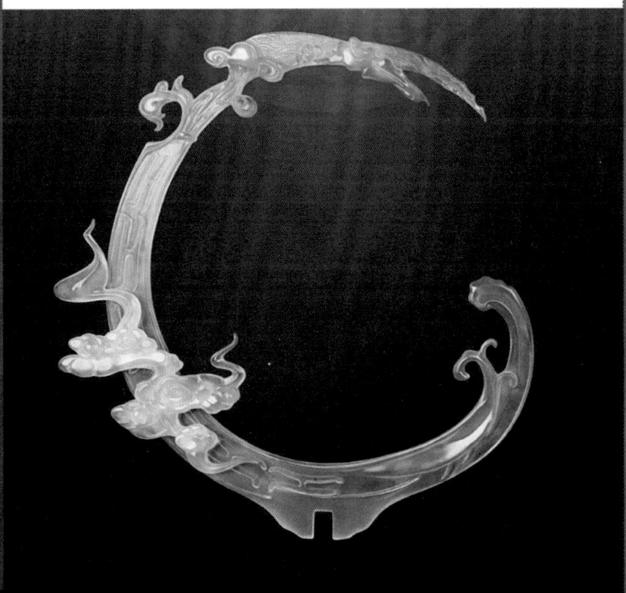

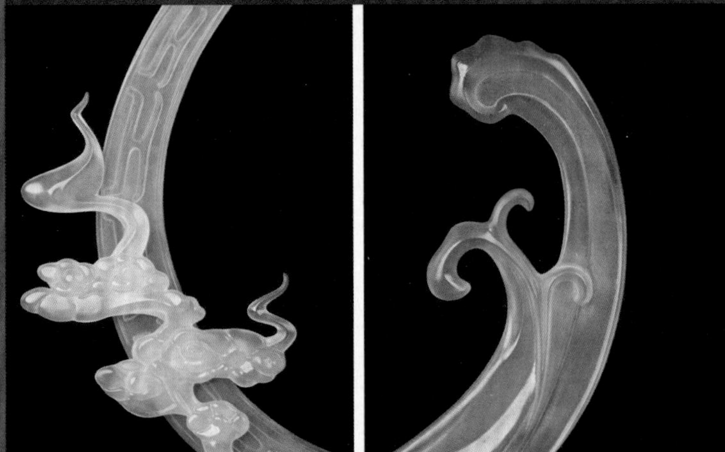

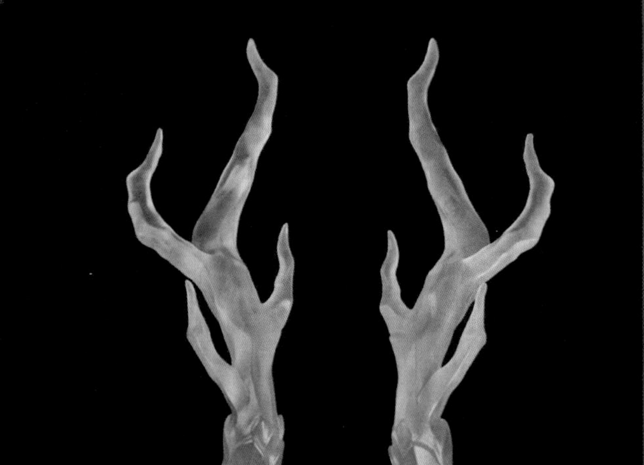

青帝

青帝

诞生日：2020年4月29日。

青帝属木，性宽仁，多慈厚，眉目清朗，抚东海之众，爱民如子。

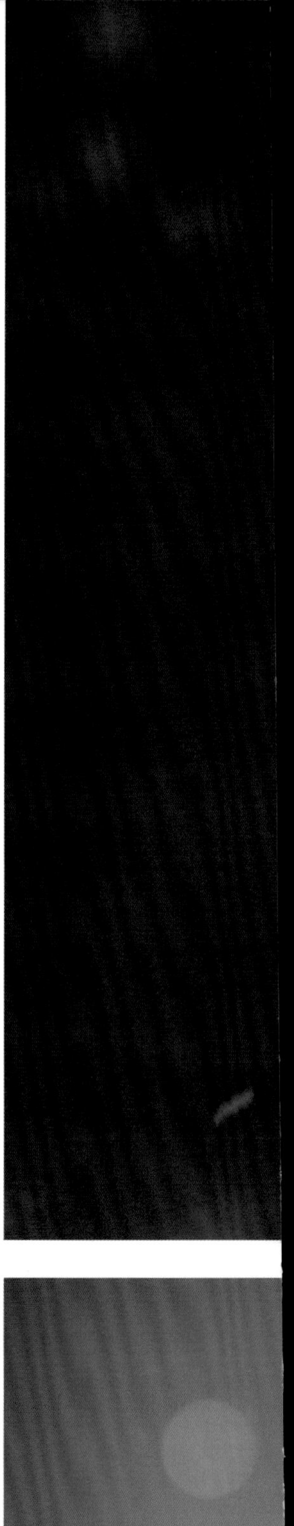

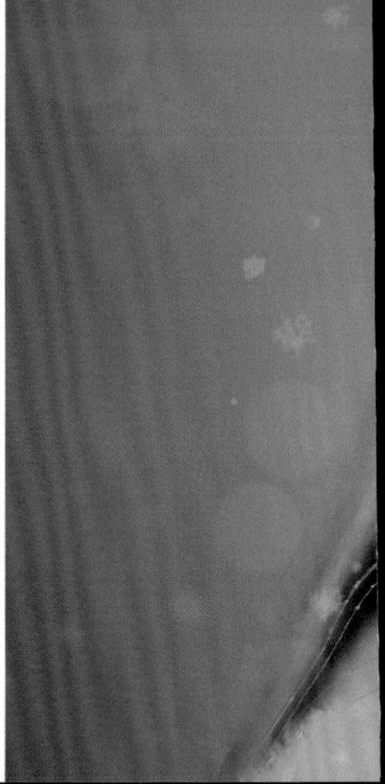

五方天帝 —青帝

造型设定分析

青帝的造型以温润如玉为主题，树立了爱民如子、平易近人的形象。其服饰辅料多采用青色，如青色府绸、青灰亮光提花织带、青色流光面料等，主料采用墨蓝色提花面料、闪光银丝提花面料，整体打造出精致高贵的感觉，细节处体现龙族的高贵身份。青帝的头发采用了亚青色，彰显独特气质。

青帝服装设计概念图（非最终成品）

玄龍

玄龙

诞生日：2020 年 12 月 29 日。

却天凌驰，九千里处。
定溟守疆，八荒淳耀。

五方神龙之玄龙，主北方，属水，是凛寒冰封的代表，手执却天枪，骁勇善战，在五方神龙中最为好战。

五方神龙

——玄龙

造型设定分析

玄龙原画设定图

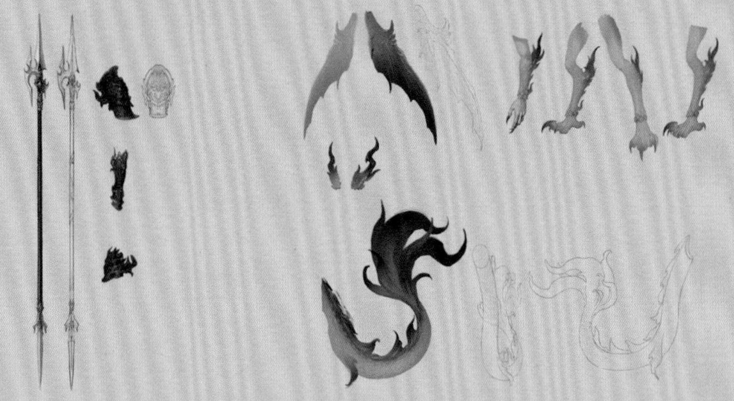

款式 1 灵感来源：
1. 战士铠甲，与人物形象契合。
2. 部分款式灵感来源于锦衣卫飞鱼服，凸显英气。
3. 玉佩挂件体现人物身份的尊贵。

玄龙服装设计理念

款式 1 亮点灵感来源：①金属感及服装细节灵感来源。②中衣形式灵感来源。③腰带形式灵感来源。④改良魏晋南北朝时期的袖子。⑤采用了清代服饰细节。

款式 2 灵感来源：
1. 战士金属质感配饰凸显人物性格。
2. 皮毛彰显人物尊贵特质。
3. 厚重铠甲与轻薄面料相碰撞减少厚重感，同时凸显兽态。

款式 2 亮点灵感来源：①参考影视服装设计，铠甲护胸形式体现战士特点。②领边铆钉增强设计感，腰带源于下围改良。③锦衣卫风格细节。④参考影视服装设计。⑤古代纹样改良。

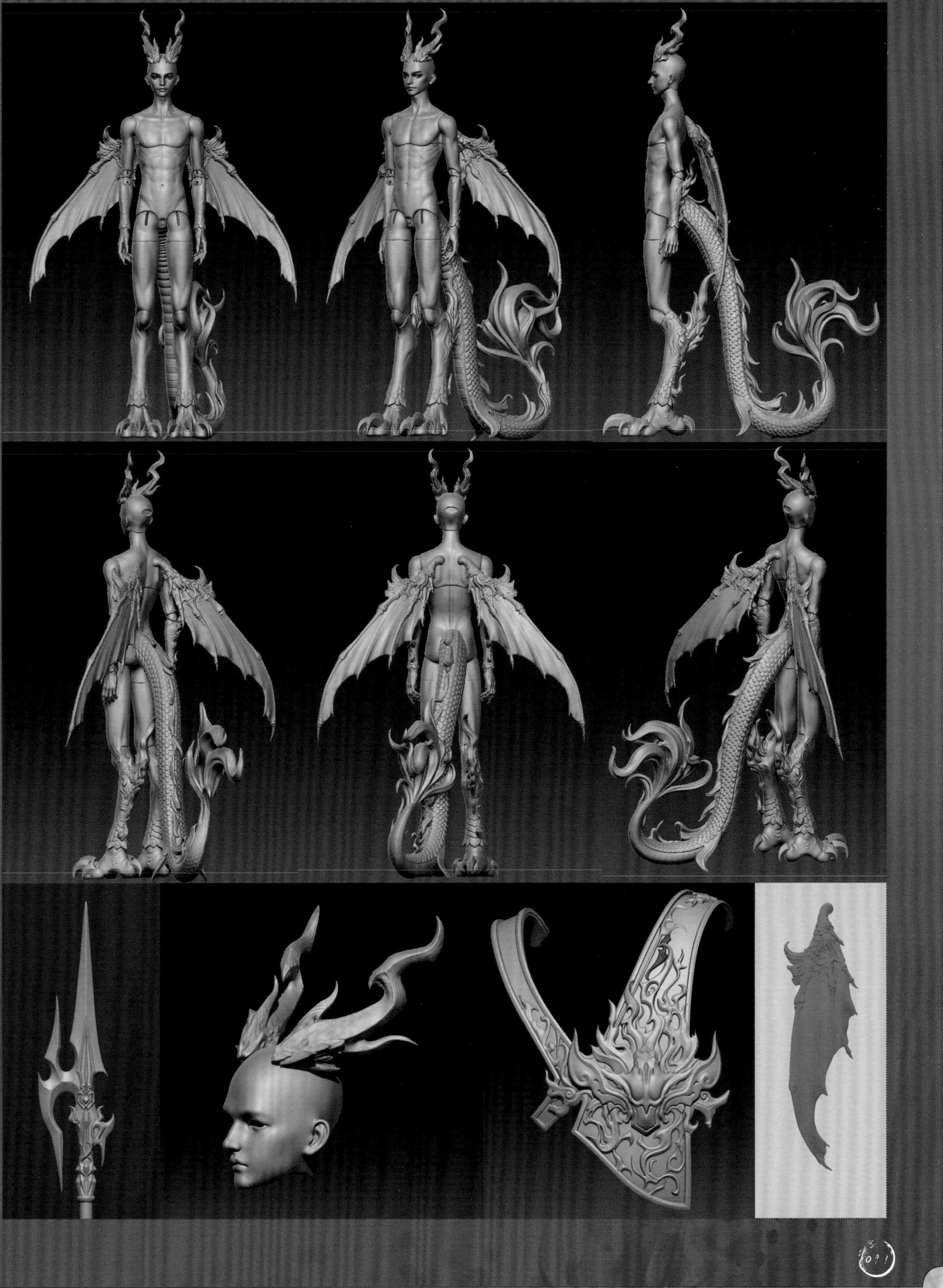

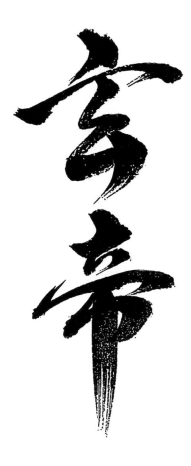

玄帝

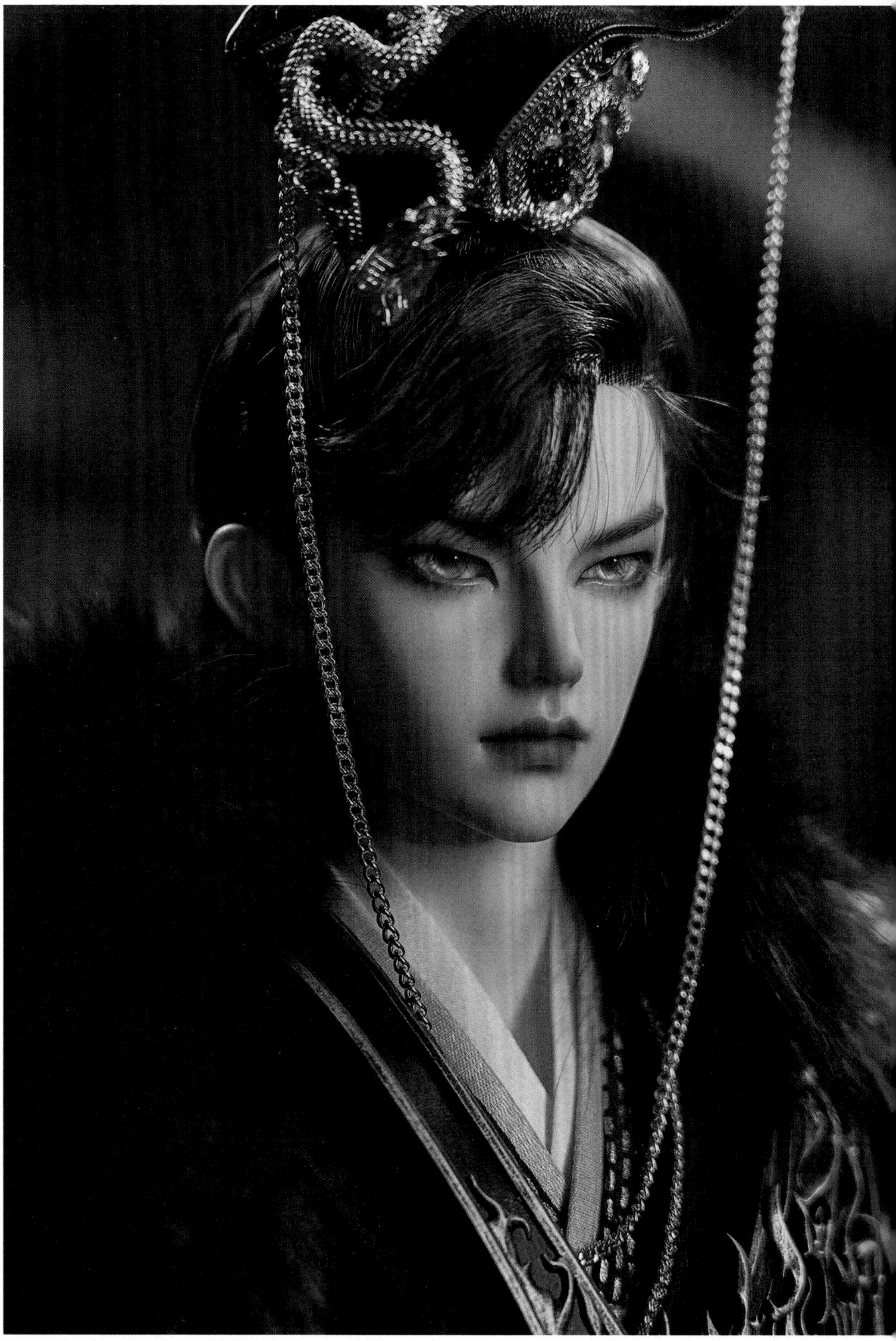

玄帝

诞生日：2020年12月29日。

玄帝性沉，统玄冥之水，以帝之身，亲破古地。收暗闭藏，魂不可逃。

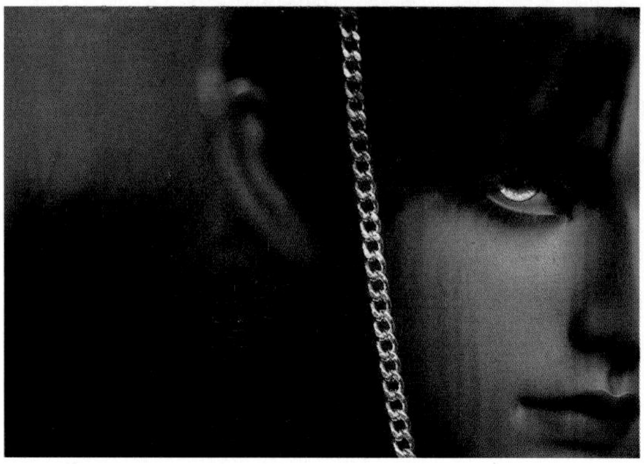

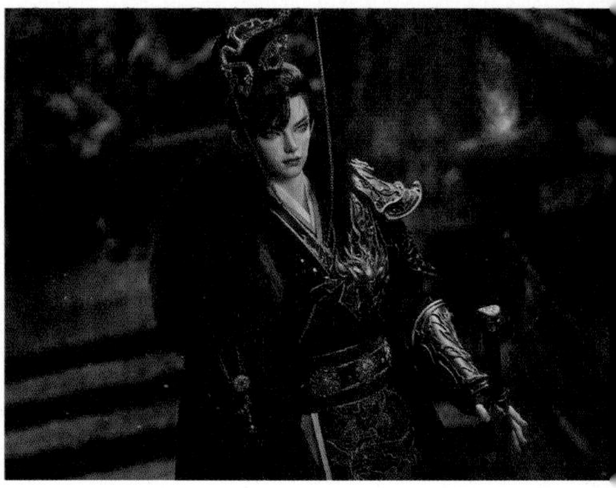

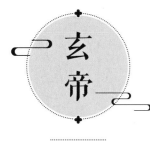

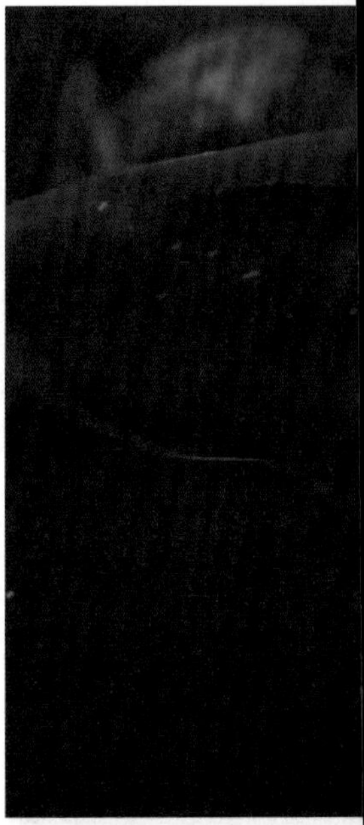
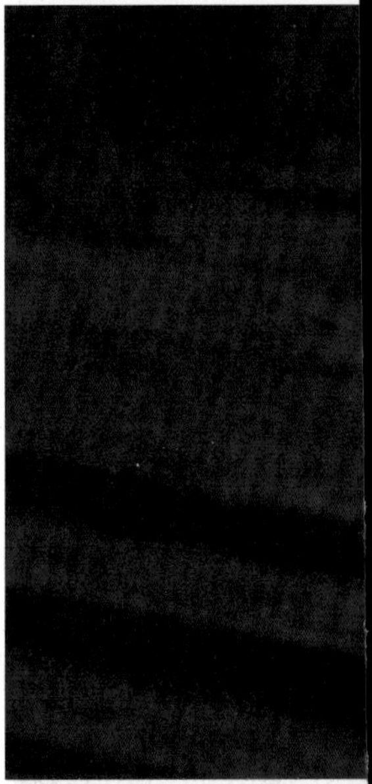

五方天帝

——

玄帝

造型设定分析

为了符合玄帝稳重的人设，其服装摒弃了大量配饰，只在腰封与毛领处加入配饰作为点缀。在设计之初，因为想要表现一个随性而高贵的玄帝形象，所以在服装设计上采用了不对称设计，如不对称的王冠、毛领、肩甲、衣摆等。玄帝披风采用了象征着权力与野心的兽纹烫金面料，披戴方式随意，显得桀骜不驯。胸甲贯穿腰身，与大面积金龙绣花融为一体，在视觉上提升了整体气势。

玄帝服装设计概念图（非最终成品）

叁

二 · 十 · 八 · 星 · 宿

二十八星宿系列是以中国古代文化中二十八星宿为主题塑造出的BJD形象。

造型设定分析

“苍龙之尾，精纯沉静，有横扫天下之霸气。”尾火虎造型强调了“苍龙之尾”的设定，加大了尾巴的设计，并延伸到肩部，使肩膀一侧有强硬之感，一侧柔软又大气。作为二十八星宿的开篇之作，尾火虎的形象给人眼前一亮的感觉。

尾火虎服装设计概念图（非最终成品）

服装整体效果

臂甲

肩甲

毕月乌

毕月乌

诞生日：2019年6月27日。

霓裳广带蹑太清，附耳毕股一星明。毕宿光芒闪亮，象征着珠光美人，形容精致华美，秀骨清像。诗经·小雅·大东云：『东有启明，西有长庚。有捄天毕，载施之行。』毕月乌为西方白虎七宿之第五宿，状如乂，左角一珠光独朗，熠熠生辉。与昴为邻，常为帝祭，又两者流金炎炎，传者众多，引为金石美人。

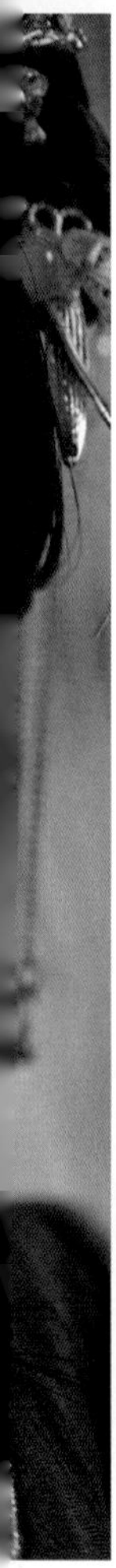

造型设定分析

对毕月乌进行造型设计时，考虑到毕宿会在12月的夜晚或1月下旬的黄昏时分散发出红光，呈橙色，因此采用了偏暖的红与橙配色，配上原创设计的烫金图案，彰显华贵。在穿戴上，为毕月乌设计了多种搭配方式，穿戴完整则华丽古朴，单穿则别有风味。

毕月乌服装设计概念图（非最终成品）

心月狐

心月狐

诞生日：2020年7月18日。

宋史·天文志三云：『心宿三星，天之正位也。』心月狐为东方青龙七宿之第五宿，居于龙腰，三星斜倚，耀耀大火，形如狐，故名心月狐。当房左向，合为明堂，为天王布政之宫。执掌正缘，承牵合之道，然性顽，好游乐贪欢，惊起鸳鸯一片。

陇中杂记

肆

陇·中·杂·记

“陇中杂记”中的故事大都发生在一个叫作陇中的地方，各个故事的时间线和相关程度难以推断，但似乎有所关联，真实性有待考究。“陇中杂记”中有温馨自然的日常，也有难以捉摸的神鬼传说，还有令人称奇的奇闻异事。在这片名为陇中的大地上，不同的人物有着自己与众不同的人生，快意潇洒的，不谙世事的，忍辱负重的……不一而足。

本系列以虚构传记“陇中杂记”为背景，记录发生在陇中大地上的奇闻异事，每个角色都拥有自己独特的故事传记。

德音

诞生日：2020 年 4 月 14 日。

城东梨园有一新班，声名如雷贯耳。班主有言，在此三日，分文不收。顿时来人熙熙攘攘，热闹非凡。夜场之时，观者如蚁，水泄不通，叫好声不断。

台前一书生几近闭气，奋力而出，于中门树下休憩，却见一花旦隐于树后。此人面善，见书生来此，示意噤声。少顷，有人高呼不止，远见二三黑衣人，围住台上花旦。

台下喧哗，混乱不堪。见此景，树下花旦蹙眉不展，神色忧虑。

书生甚奇，问其缘由。花旦摇头不语。台上班主已将黑衣人请下，花旦水袖再扬，锣鼓再起，人群平息如初。

少时，班主忽从树后出，见书生在此，面露警惕。花旦行礼，言书生为其友，无伤大碍。班主颔首，回礼称孔娘子，引二人往深处去。

行至后阁，书生福至心灵，声带犹疑，唤德音表姊。德音回首，浅笑得宜，答曰表弟，自陈来龙去脉。

德音偏好梨园调，今日悄然出府，于此歌戏，尾声未散，孔父已派人而至，幸班主等已做准备，将人隐蔽换下，却是巧逢书生。

书生大叹，孔家世代书香，为何行此贱事。

德音正色，答曰：“以道观之，物无贵贱；以物观之，自贵而相贱；以俗观之，贵贱不答在己。贵贱之分，不过俗念，于人无伤，又何为贱？”

书生不语，若有所思。

数年后，书生闻德音讣讯，大惊，前往梨园。

梨园花开，远处花旦见其遥遥一礼，浅笑得宜。

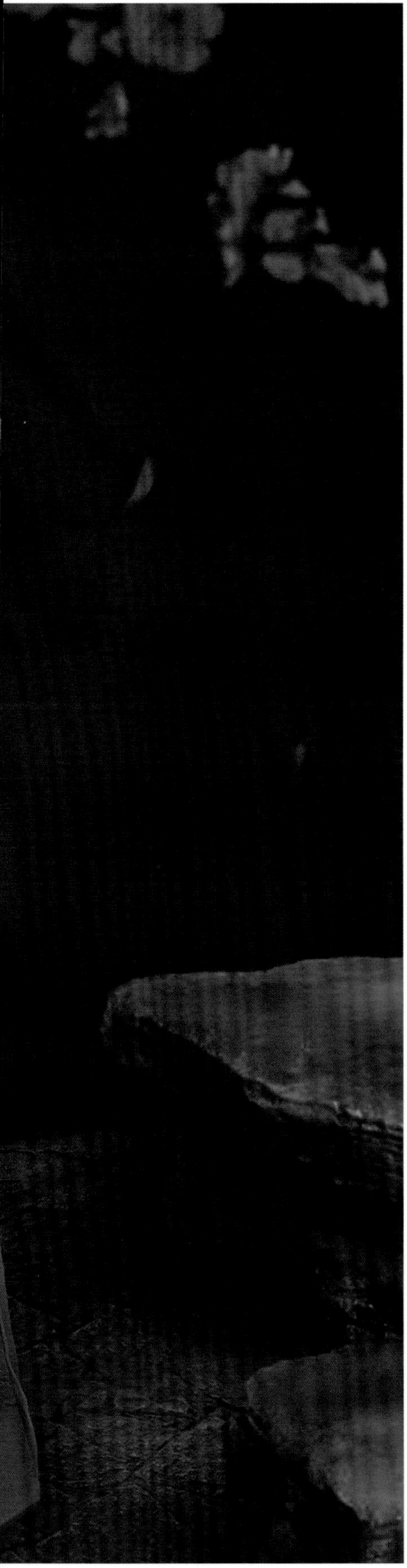

造型设定分析

德音的造型以京剧为主题，符合当下中国风盛行之势。BJD和京剧的结合注定是一场古今文化的碰撞，该造型的设计目标是传承优秀国风并表达出个性。

德音的服装采用杏色面料。角色清冷孤傲，在繁杂故事中保留了一份纯真，符合故事整体的悲伤氛围。服装为双绉和雪纺面料，配饰包括珠翠凤冠、翠色玛瑙步摇、翠色鬓帘、珍珠发钗等，均能拆戴。

德音服装设计概念图（非最终成品）

大祝·巫真

诞生日：2020 年 05 月 19 日。

陇中极西，幽谷重重。鬼神冥而密，民众敬而向之。有通鬼神之人，不可寻其端倪。

唯国祝者，居高位，伴天子，万民仰慕，如启星相引。

国祝，巫者，授于鬼神而通达神旨。真也，得天运，目视可知人寿限，以鸿术为医，以鬼神之力，保民除疾避灾，幸免于祸难。天子难见其人，常问左右，曰大祝于田野民间。

大雨连天，幽谷间有民，苦不堪言，邀大祝巫真而往，祈鬼神之恕，祷祝以止雨。巫真怜民，连夜而至，见风雨急呼，水流湍急，屋舍飘零。幽谷之人聚于高处，隐于大山之下。

“辨六号，一曰神号，二曰鬼号，三曰示号，四曰牲号，五曰粢号，六曰币号。辨九祭，一曰命祭，二曰衍祭，三曰炮祭，四曰周祭，五曰振祭，六曰擩祭，七曰绝祭，八曰缭祭，九曰共祭。”

施作之后，雨势转弱，巫真疲怠而立，湿衣未干，告辞之际，忽而大惊。目之所见，皆寿限在即，命不久矣。

倏尔，天地间轰隆一声，水势更盛。巫真神色一变，急忙呼民唤众，引至无虞处。未几，天地变色，幽谷荡荡，滔天而下，凡见此景者，触目惊心。

此事后，巫真返朝，民跪送之，长唤不起。巫真无奈，一念而起，若有所想。

数年后，巫真离位辞朝。山野往复间，常见其人。

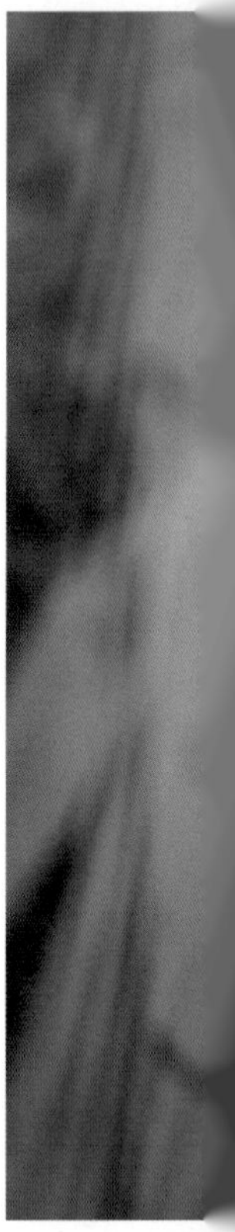

玉露团

奶桃酥和玉霜糕

诞生日：2022 年 4 月 26 日。

暮春之初，岁在壬寅。游人从陇中而北上，欲饱游山河盛景。不日，便抵一北镇。小镇周道远少，然处处安居祥和，物阜民丰，天青云深，山水如画。游人落脚于客栈，欲停留一两日。

翌日，游人行于街前，偶见街头小店，名曰“玉露团”，招牌门饰皆古朴雅致，似历年经久，只见客人络绎往来，皆食糕点而笑盈满面。游人好奇而行至店前，见店面柜案置两屉精巧点心，簪花小楷四方上书“奶桃酥”，又一书“玉霜糕”。游人方欲买，乃见其牌曰：需请自取，且放等价之物。游人思忖片刻，从怀中取出游记诗词，置于托盘。一女童忽于身后轻拽其衣袂，授糕点于手，笑盈盈而离去。游人食之，只觉心神舒畅，如沐春风，又视往来之人，古镇风貌，决计长留于此。

尔后，游人常光顾，除铜钱银两、诗词游记，亦有冰糖葫芦、风车布偶，然未尝有人得见店主之面。唯有日暮迟迟，偶然闻嬉闹之声，借一隅木门半敞，得见后院，有两女童，罗衣轻灵，粉雕玉琢，逐雀玩乐。一闪影过而不见，恍若白梦一场，惟风卷花瓣悠悠，吹晃木门吱呀作响。

玉露团

——奶桃酥和玉霜糕

造型设定分析

创作玉露团的灵感源自古代一种奶酥雕花的点心，人物造型的颜色选用点心的部分颜色。在服装上，根据点心的香甜特性做了相应的设计，如袖口毛茸茸的绲边和桃子头饰，并加入了其他不同的元素。两个人物一个是睁眼状态，一个是闭眼状态，可以满足不同脸部表情的设定需求。

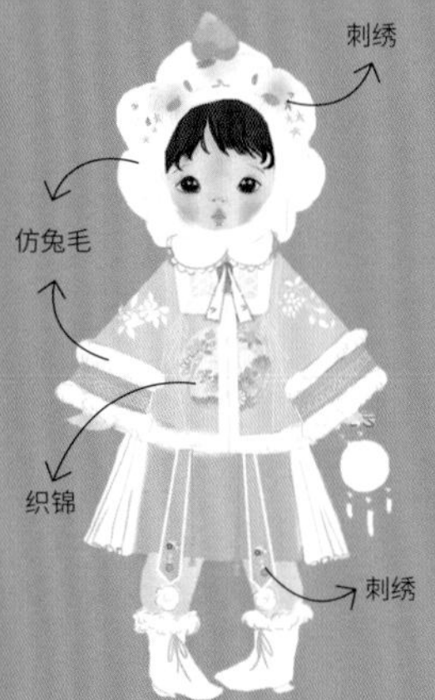

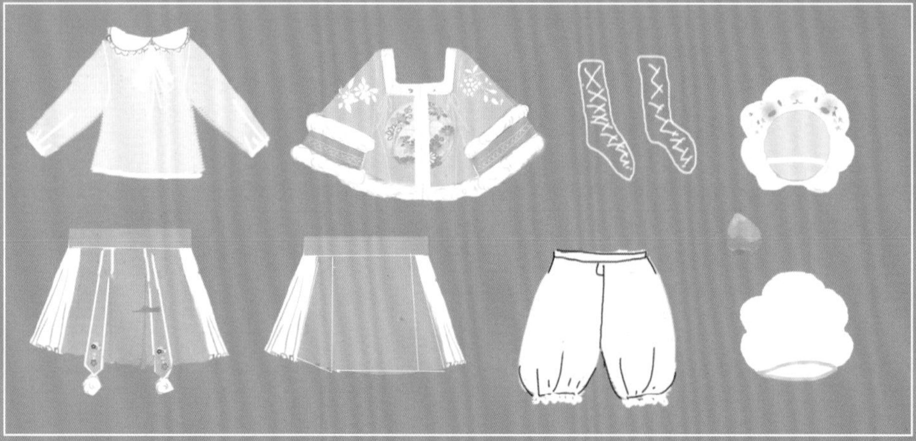

6分娃娃的衣服和绣花不如大尺寸的精致，因为这里的绣花面积相对较小，所以在增加细节的同时还要保证绣花的精细度。

玉露团服装设计概念图（非最终成品）

玉露团绣花

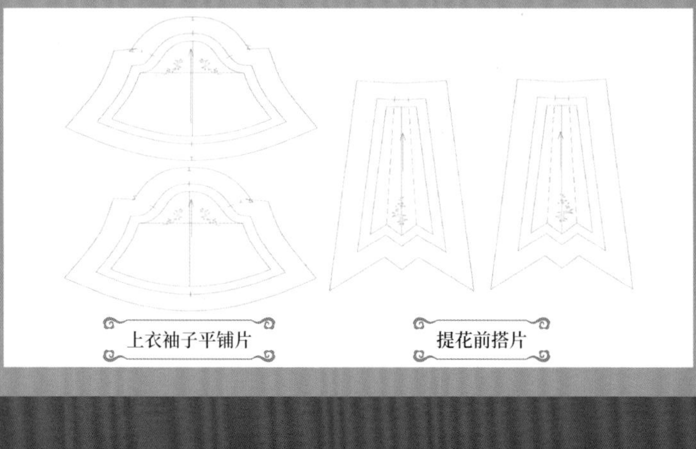

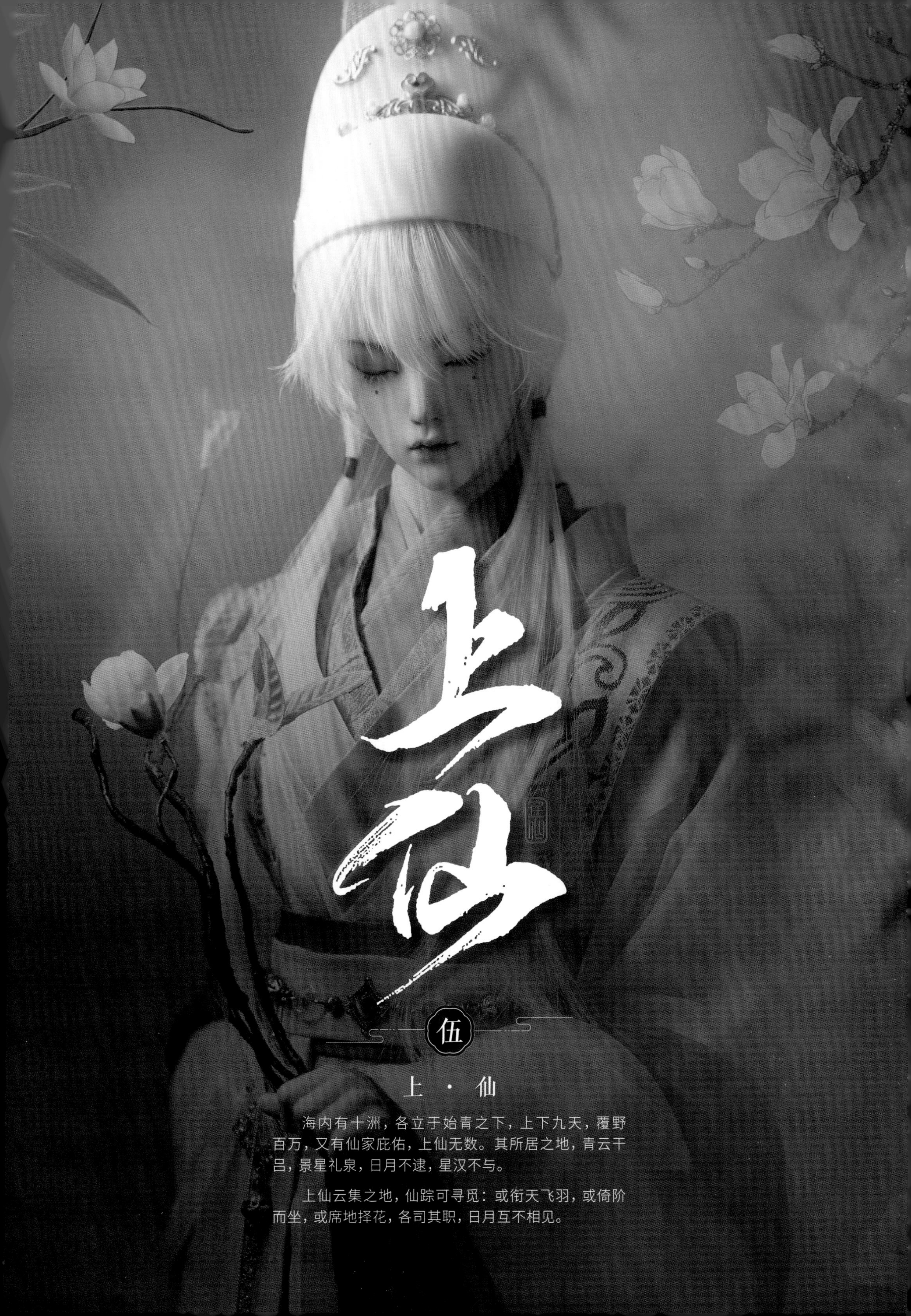

上仙

伍

上·仙

海内有十洲，各立于始青之下，上下九天，覆野百万，又有仙家庇佑，上仙无数。其所居之地，青云干吕，景星礼泉，日月不逮，星汉不与。

上仙云集之地，仙踪可寻觅：或衔天飞羽，或倚阶而坐，或席地择花，各司其职，日月互不相见。

青庄

诞生日：2019年2月27日。

蓑羽之翼，名为青庄，披沧海之色，于仙家之侧，上通璇玑，下达冥海。

青庄久居仙境，脱胎化形，貌如女童，形容可爱，时恼时笑，纯真无邪。入仙家门下，有师兄青童君，相伴千年，嬉游十洲。

青庄

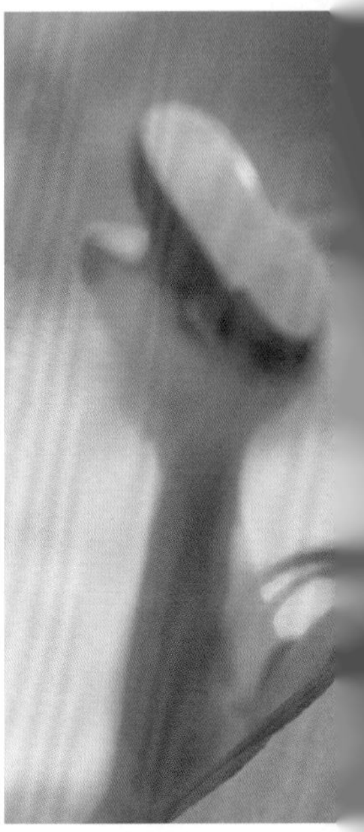

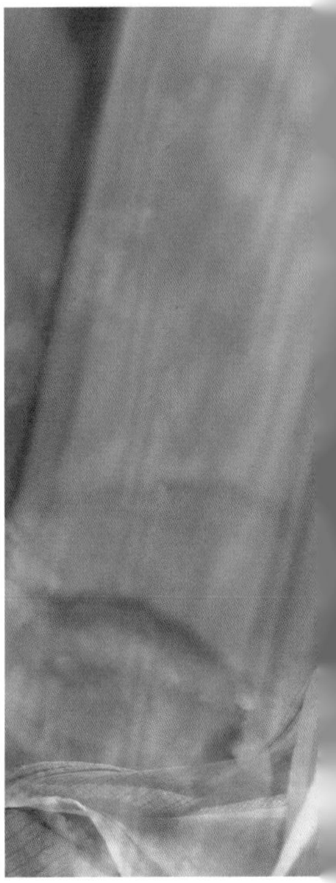

春神·句芒

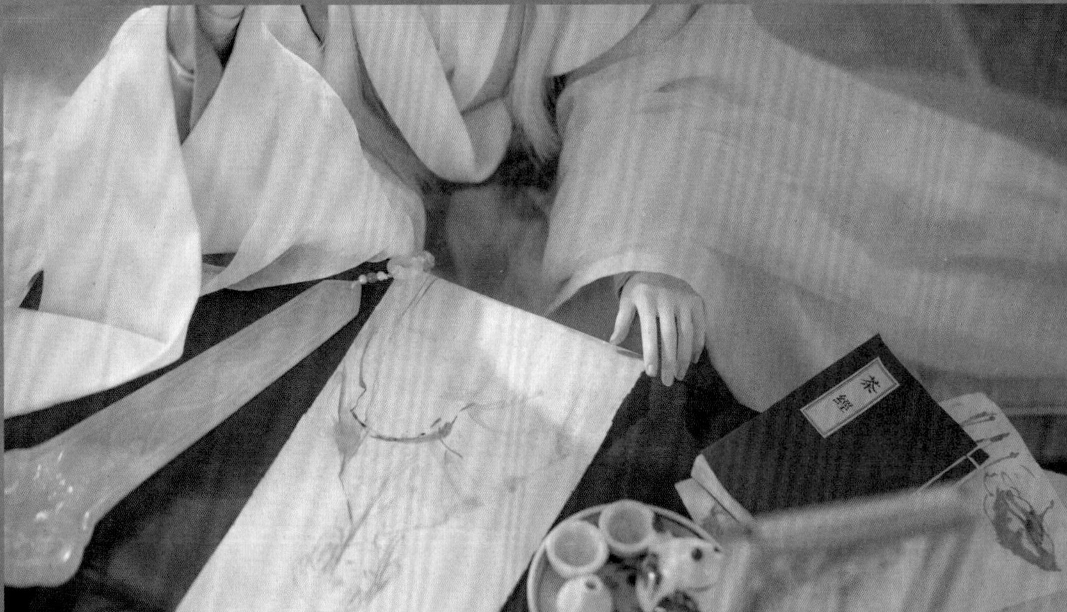

诞生日：2019年5月16日。

春日欲尽，步已迟迟。花已开满枝头，少年方漫不经心而来。木正曰句芒，司春号辉，行野芃芃然。古木新翠，春息脉脉。春日无落草木，此中句芒之修。

句芒，又称勾芒、木正、木帝，中国古代神话中的春神，主管树木的发芽生长。相传，句芒的本来面目是鸟——鸟身人面，乘两龙。

春神·句芒

造型设定分析

句芒的造型设计以绿色为主色，头部的白发加绿色挂耳并配以金属束扣，袖口的羽毛还原了传说中鸟身人面的特征。服饰主要应用了印染的工艺，外套上以水墨图为印，青龙栩栩如生，跃然袖上。整体造型非常符合句芒的仙人气质。

句芒服装设计概念图（非最终成品）

春祈·木正

诞生日：2021 年 4 月 15 日。

句芒曰木正，司春礼祭，锦光依星尾。春水碧天连山河，夜水踏星行风柳。阖目鼓铃，奏为社稷，彩灯余年寄。

木正是在句芒基础上设计的特别版本，也是句芒的一种延续。春祈民间以供奉木正为主，在每年的这一天，信奉木正的子民将会沐浴焚香，前往木正大殿祈福，祈求身体健康、生活顺利。木正会在这一天身穿色彩鲜艳的华服来到子民为自己修建的大殿，为信奉自己的子民跳击鼓舞，祈求安康。春祈由此而来。

春祈

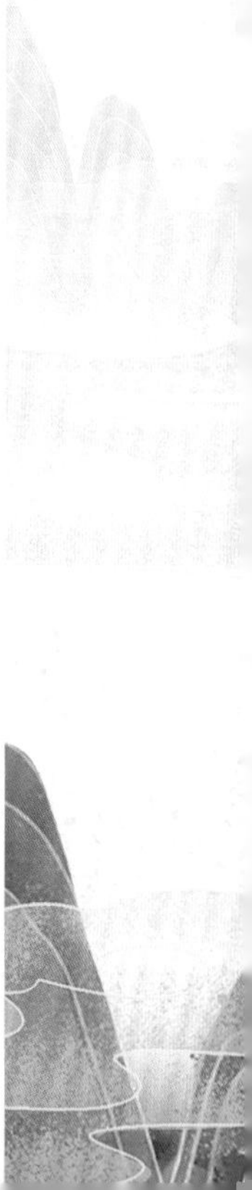

春祈·木正

造 型 设 定 分 析

木正的造型采用了“一体双头”的形式，分别为睁眼头与闭眼头。木正的造型配件为圣摇铃和竹编腰鼓，营造了祈福的氛围，服饰采用了玉绿色和柿子色搭配，同时用橄榄绿的披帛作为点缀。

木正服装设计概念图（非最终成品）

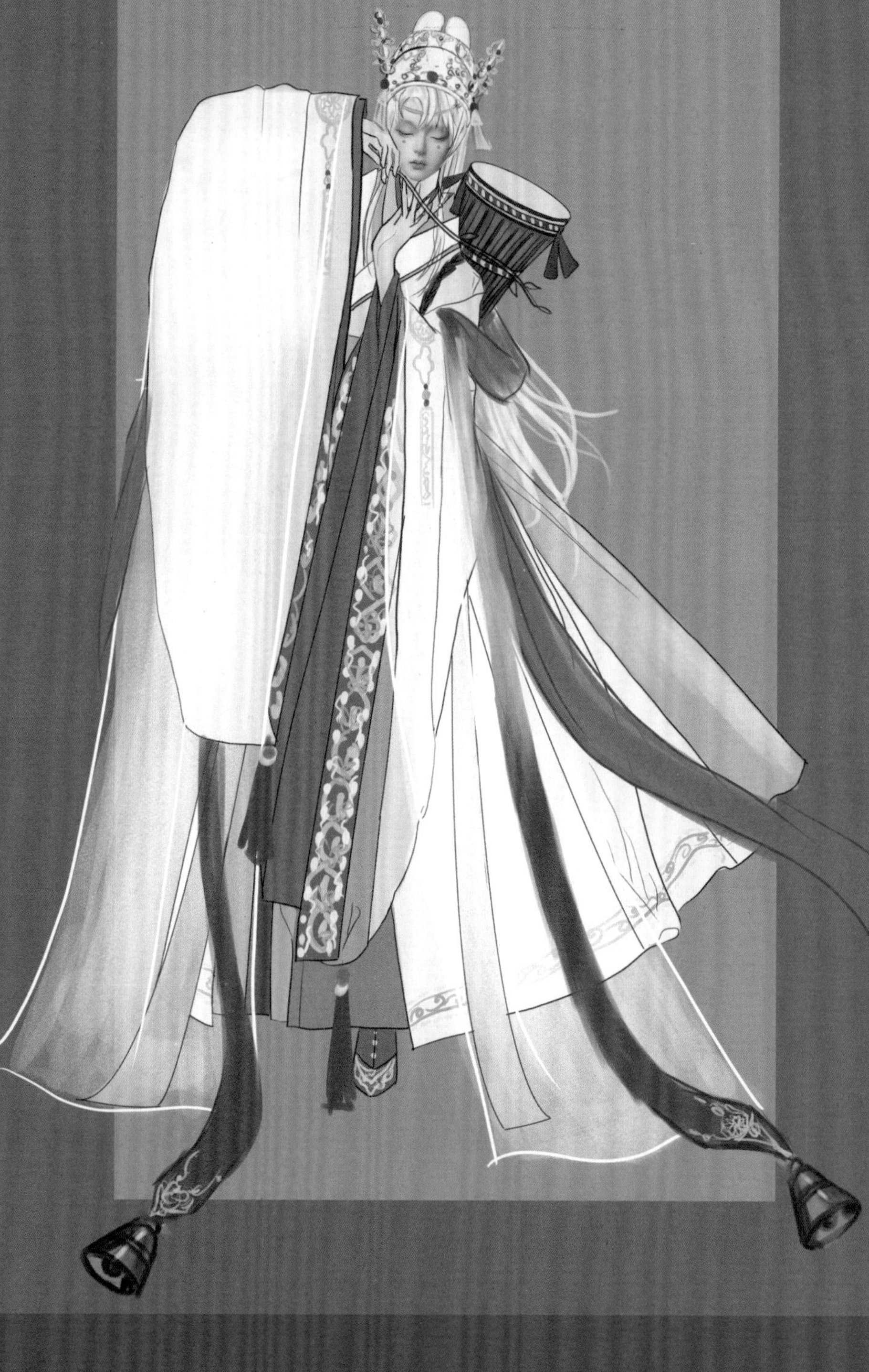

烛照

太阳·烛照

诞生日：2019年5月25日。

吕将尽而晷现，重光彰威而克煞。阳炁星耀，玄逐克尊。煴煴之轮，煌煌之烛。太阳司昼，明器灼照。

太阳烛照是神话传说中的圣兽，亦说是太阳的象征，样貌为一个巨大的黑色球体，其形象可能源自远古先民对『日环食』或『太阳黑子』现象的认知。

太阳·烛照

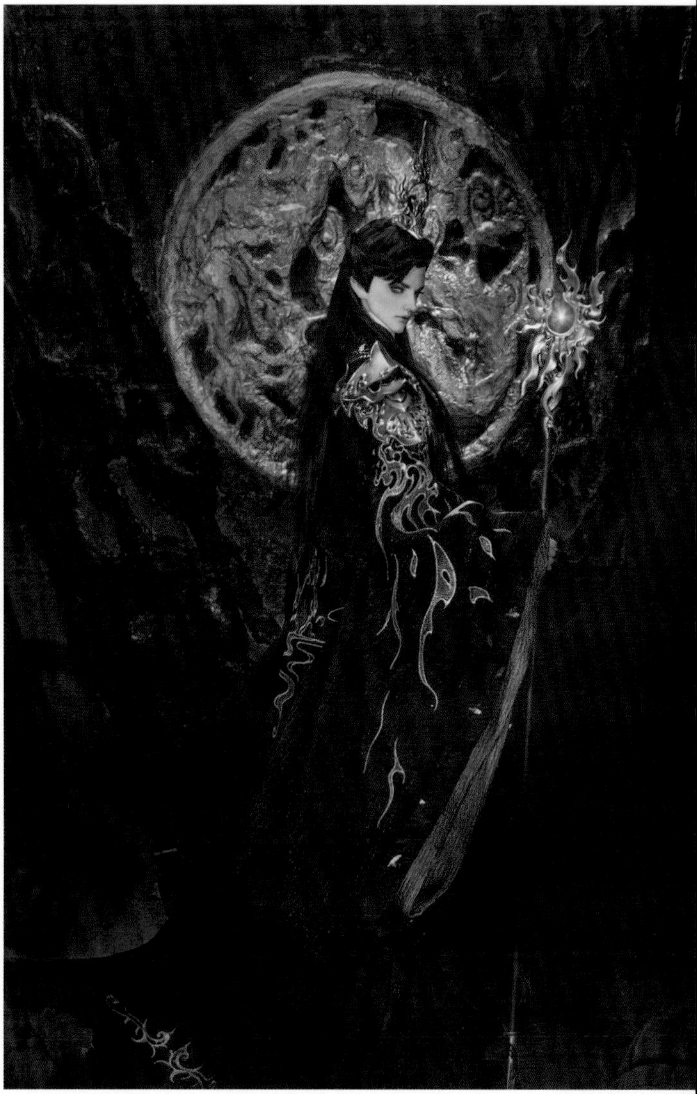

造型设定分析

烛照造型的主体色取太阳黑子的颜色，主要为黑色，配以金色的太阳图纹绣花，突出太阳特性。精细的胸甲和金属头冠增添了形象庄重的气场，里衣采用暗红色突出层次感，单穿则能展现其不同的一面。烛照所使用的神杖也以太阳为元素，细节与人物造型设定十分契合。

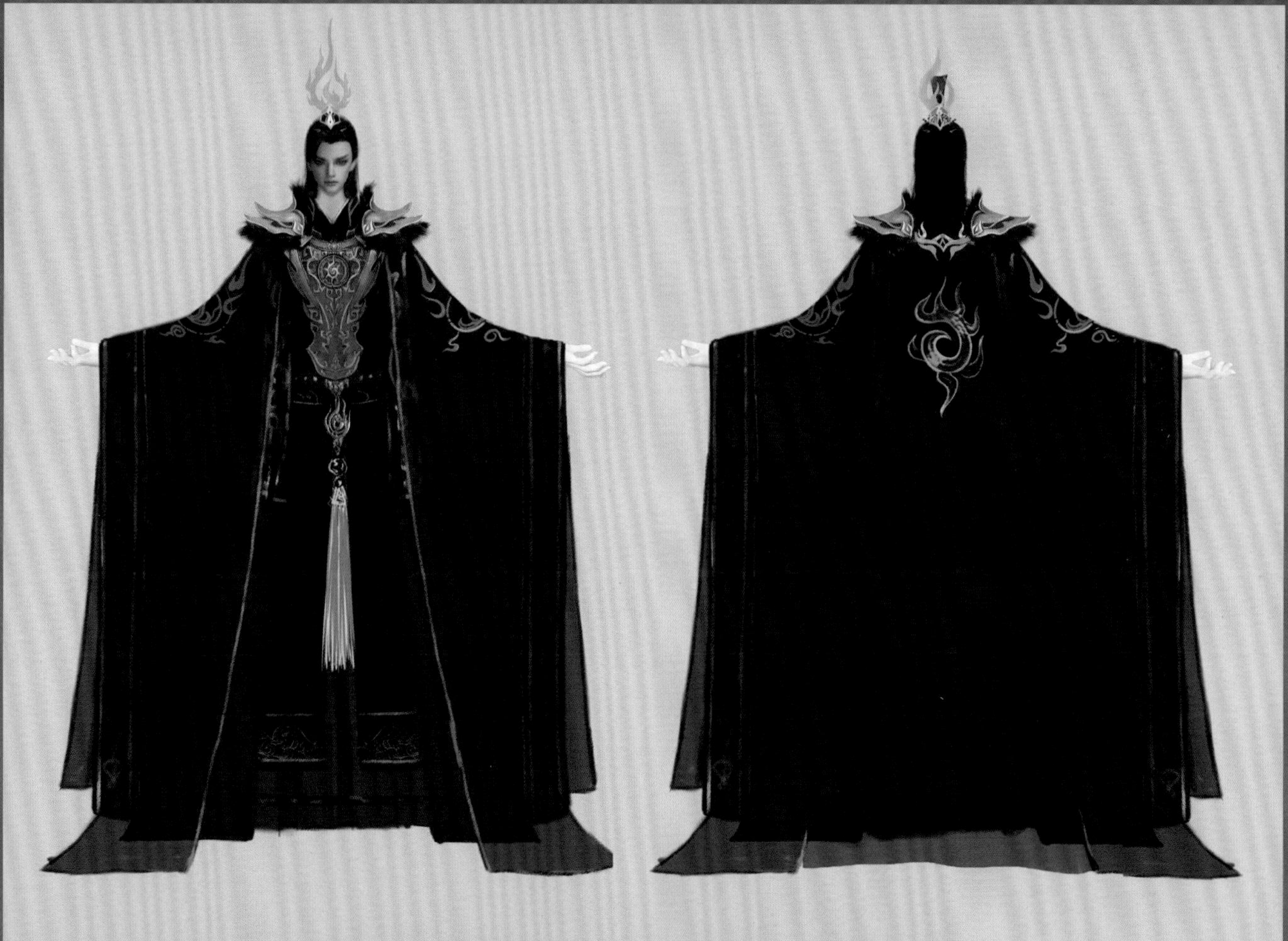

外纱刺绣（亮丝绡）背部细节展示

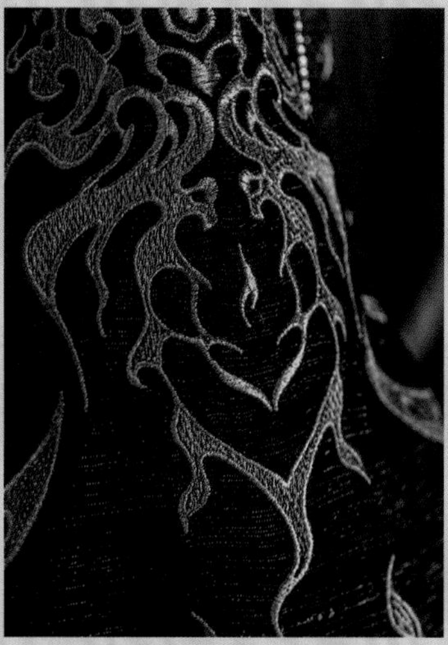

外纱刺绣肩部细节展示

太阳·神杖

太阳·小烛照

诞生日：2021年11月1日。

玄黄千纪，不知岁年。

幽冥暗擎，炙临耀天。

『自诞始，炽炎司宸，阳炁而煞竭，此吾生而为之存欤？』

太阳从地平线冉冉升起，劫难得以消散，又到吾降临世间的时候了。

造型设定分析

由于小烛照是烛照的幼年形态角色，因此在角色设定和服装设计上都沿用了烛照的设计特色。服装颜色以黑色为主，红色、金色为辅，加之太阳图纹的金线绣花，彰显“太阳神”的设定。胸甲、头冠及神杖也沿袭烛照的设计思路，以太阳为元素，庄重沉稳，独具特色。

武器和装饰品设计图

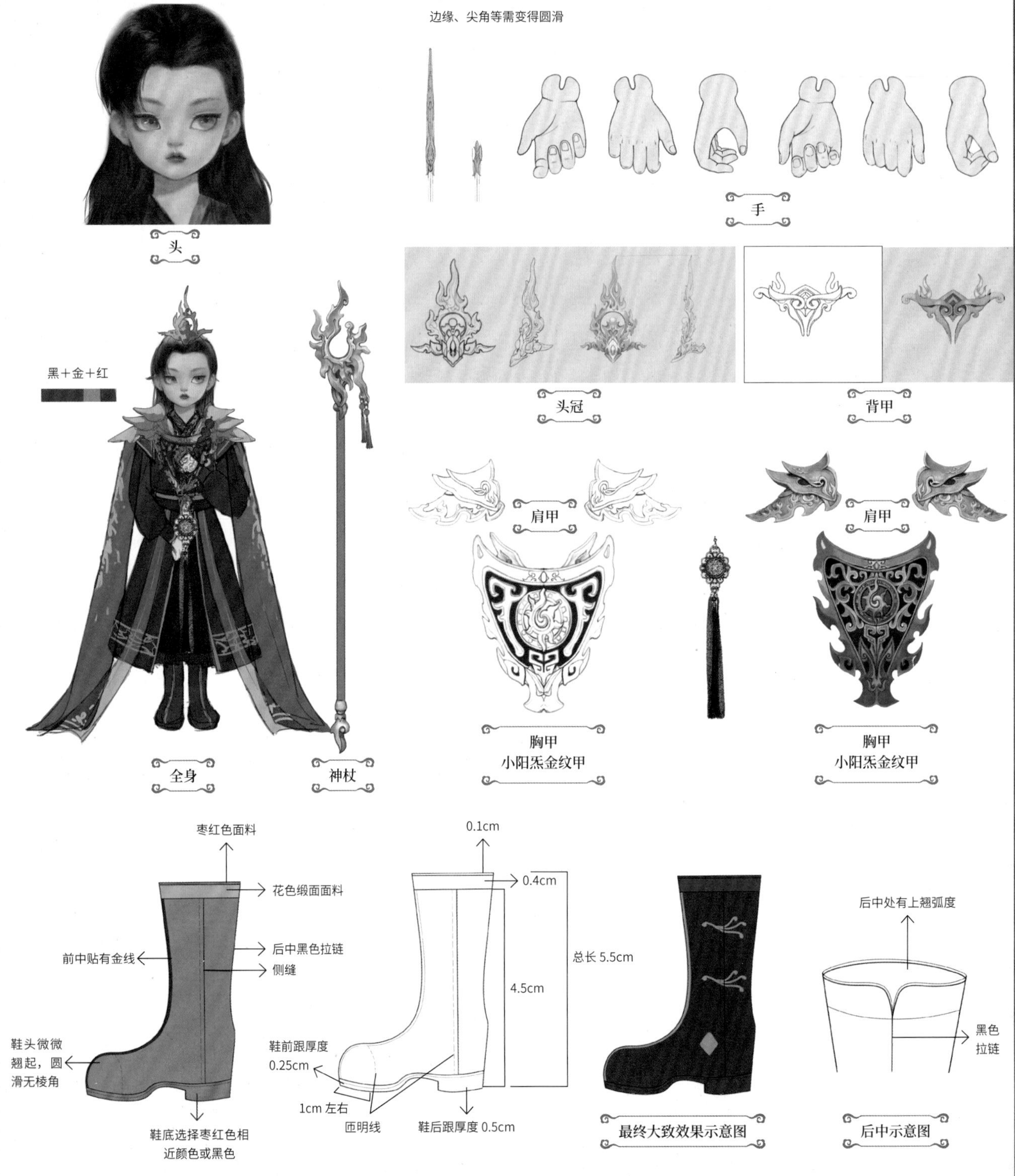

陆

九 · 歌

“九歌”原为中国神话传说中的一种远古歌曲的名称，战国时期屈原对其进行了重新创作，共十一篇。九歌系列BJD的设计思路以屈原之作《九歌》为主题，以诗歌中各篇章的灵魂人物为展示对象，凸显文章所表达的对神话人物的情感，将人物感情的刻画与环境气氛具象化。

在九歌中，不同的神话人物被赋予的感情色彩不尽相同，有的庄重典雅，有的欣悦安宁，在设计时，我们也结合了自己的理解将其设计为不同的BJD形象。

雲中君

云中君

诞生日：2019年9月20日。

浴兰汤兮沐芳，华采衣兮若英。
灵连蜷兮既留，烂昭昭兮未央。
蹇将憺兮寿宫，与日月兮齐光。
龙驾兮帝服，聊遨游兮周章。

云中君在九歌中是一位生活在云层中的神明，众口相传为云神。

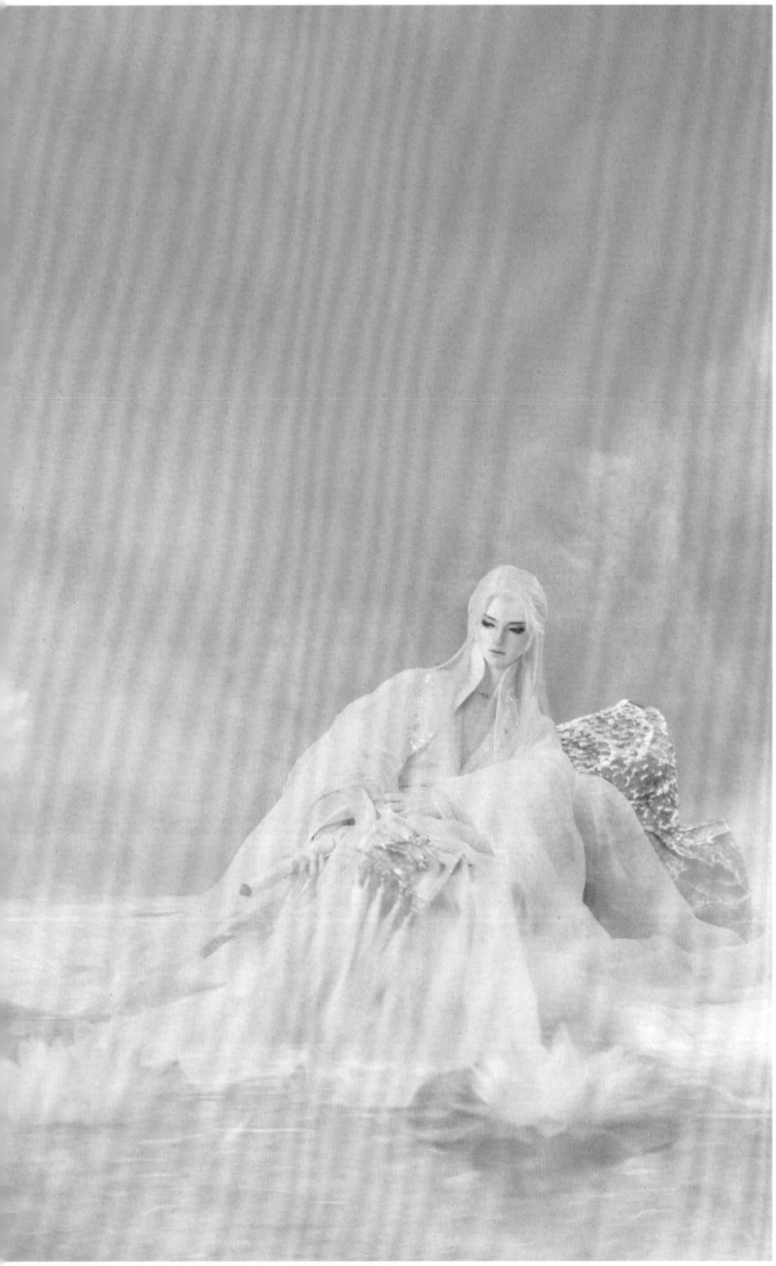

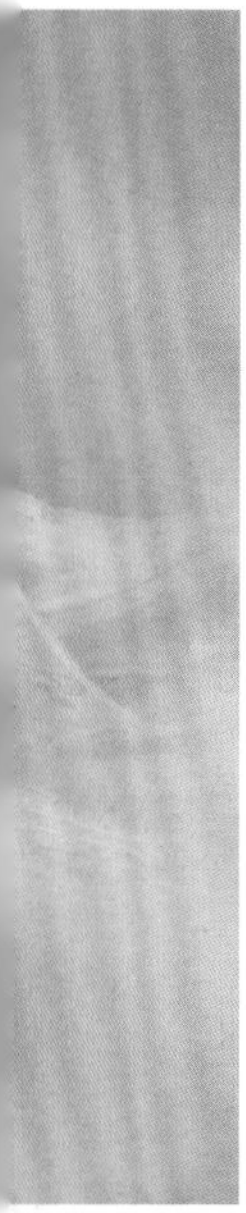
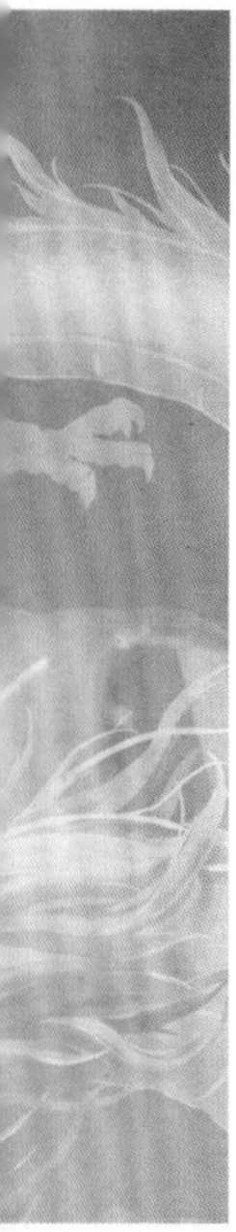

云中君

造型设定分析

云中君是神明形象，在服饰廓形上不求夸张，只求日常、简约，同时不乏角色性的设计点。服饰整体采用了晴空中云层的颜色，以凸显如云般清冷高雅的形象。采用幻彩半透软欧根纱作为服饰的外纱，采用真丝材质作为主面料，整体营造出轻柔、缥缈、仙气缭绕的氛围。袖子底部和前片底部采用烫画技术，印有简约、淡雅的云纹。

云中君服装设计概念图（非最终成品）

東君

东君

诞生日：2022 年 4 月 19 日。

暾将出兮东方，照吾槛兮扶桑。
抚余马兮安驱，夜皎皎兮既明。
驾龙辀兮乘雷，载云旗兮委蛇。
长太息兮将上，心低徊兮顾怀。
羌声色兮娱人，观者憺兮忘归。

东君是楚人祭祀太阳神的颂歌，描绘了东君壮美而崇高的形象。

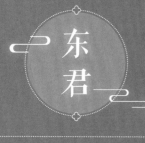

东君

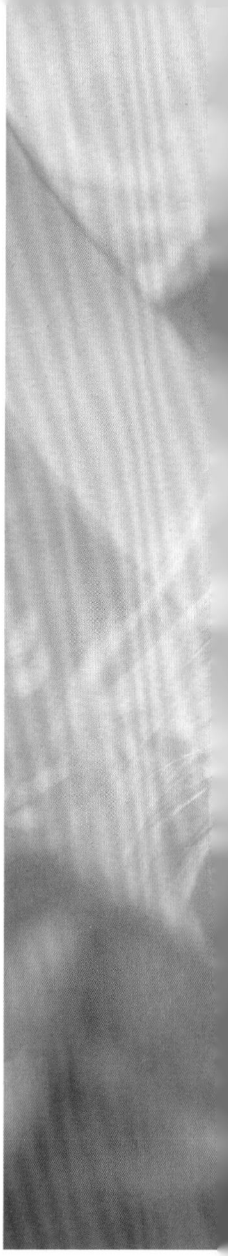

造型设定分析

东君的服饰以太阳光的颜色作为主面料颜色，点缀金色金属配饰和亮片面料以突出明亮的形象。发型可散发也可加冠束发，造型多变而不失威严。

东君服装设计概念图（非最终成品）

东君服装设计分解图（非最终成品）

后记

大家好，我是江上小龙，曾担任龙魂首席人形师，也是龙魂人形社主理人，从事BJD行业已有十多年。进入BJD行业是个偶然，对我来说也是梦想的伊始。于我而言，它与其他行业最为不同的地方，是它因热爱而生。

这一切的开始源于我的雕刻和泥塑手艺被一家BJD外企公司看中，由此成为中国第一批BJD人形师，拥有了能向大众展示自己作品的机会。然而，我创作的作品被公司冠以外国设计师的身份展出。公司的理念与我的创作观念逐渐产生了无法调和的矛盾，愤慨之下，我毅然决定离开，于是辞去了外企的工作。在此之后，我决定以中国传统文化中的经典形象龙图腾为名字主体，创立一个属于我们自己的中国风娃社，做我们自己的作品，让中国文化艺术走向大众视野。正是这份热爱与信念，让我于2009年创立了“龙魂雕塑品工作室”。历经十多年的发展，现在的龙魂人形社已经脱离了个人工作室的模式，慢慢壮大为一家拥有百余伙伴，具有了初步产业化规模的公司。

公司的不断发展前行离不开风雨同舟的伙伴，有了专攻于各领域的伙伴们的勠力配合，才有了一个个BJD的诞生。

制作一个BJD的首要条件是原画设计，然后从雕刻（后面慢慢引进了3D技术）进入制作服装、彩绘、摄影与后期一系列步骤。在原画阶段，我们要确认BJD的人设和外观，后续的研发工序也将跟着原画的整体造型去设计和调整。在3D建模与雕刻阶段，我们将原画的二维形象投映成三维形象，以更好地从不同角度呈现BJD及相关配件的形象。在服装、造型阶段，我们会根据原画设计BJD的服装、佩戴的饰品、发型等。在彩绘阶段，我们会结合BJD的设计点对其妆面进行彩绘。在最后的摄影与后期阶段，摄影师要捕捉BJD的神韵，结合服装、妆容、整体造型、场景和光线对BJD进行形象输出，再由后期对形象输出的内容进行适当调整，展示一套完整的BJD造型。

在我看来，最好的作品永远是下一个。BJD从一个小众行业的艺术圈子到慢慢被更多人发掘、喜爱，走进了大众视野，这一路，感谢所有伙伴的付出，感谢所有的爱与期待。希望我们能带着不变的初心和数十年如一日的梦想，为大家带来更好的属于中国的原创BJD作品。

江上小龙及龙魂人形社所有伙伴